U0244552

建筑施工现场专业人员岗位操作必备——测量员

李　辉　主编

机械工业出版社

本书是根据国家行业标准《建筑与市政工程施工现场专业人员职业标准》（JGJ/T-250），结合建筑工程施工现场技术管理人员岗位工作与施工管理实际需要和应用而编写的，涵盖了测量员的工作职责、专业技能、专业知识等要点，具有很强的针对性、实用性、便携性和可读性。

　　本书主要内容涉及测量员岗位工作相关知识以及工程施工测量等，包括测量员岗位基础知识、测量员岗位主要工作、距离测量、水准测量、角度测量、施工测量竣工图的绘制等内容。是工程施工测量工作的必备宝典，也适合作为测量员岗前、岗中培训与学习教材使用。

图书在版编目（CIP）数据

测量员/李辉主编. —北京：机械工业出版社，2015.3
（建筑施工现场专业人员岗位操作必备）
ISBN 978-7-111-49395-2

Ⅰ.①测…　Ⅱ.①李…　Ⅲ.①建筑测量-岗位培训-教材
Ⅳ.①TU198

中国版本图书馆 CIP 数据核字（2015）第 033677 号

机械工业出版社（北京市百万庄大街 22 号　邮政编码 100037）
策划编辑：汤　攀　责任编辑：汤　攀　陈将浪
版式设计：霍永明　责任校对：陈　越
封面设计：张　静　责任印制：李　洋
三河市国英印务有限公司印刷
2015 年 8 月第 1 版第 1 次印刷
140mm×203mm·7.75 印张·226 千字
0001— 4000 册
标准书号：ISBN 978-7-111-49395-2
定价：34.80 元

编写人员名单

主　编：李　辉

副主编：朱福庆　　熊志宏

参　编：罗　京　　王超群　　张　涛　　陈　明　　郭俊峰

　　　　白文君　　彭　俊　　尚秀荣　　李志华　　刘大雷

　　　　刘沾理　　何　超　　袁　建　　彭国宇　　魏东亮

　　　　安富强　　刘真祥　　刘小力　　周亚平　　刘亚军

　　　　吴虹飞　　庄凤明　　关　坤　　吴国锋　　马宇鹏

前　言

为科学、合理地规范工程建设行业专业技术管理人员的岗位工作标准及工作要求，全面提高建筑与市政专业技术管理人员的工程管理水平和专业技能，加强科学施工与工程管理，确保工程质量和安全生产，促进建设科技的进步与应用，按照《建筑与市政工程施工现场专业人员职业标准》（JGJ/T 250—2011）的规定，我们组织编写了这套"建筑施工现场专业人员岗位操作必备"丛书。

本系列丛书主要根据建筑与市政工程现场施工中，各专业岗位在现场施工的实际工作需要和专业技能要求，按照岗位职业标准和考核大纲的标准，遵循《建筑与市政工程施工现场专业人员职业标准》（JGJ/T 250—2011）有关工程技术人员岗位"工作职责""应具备的专业知识""应具备的专业技能"三个方面的素质要求，以岗位必备的管理知识、专业技术知识为重点，注重理论结合实际；以不断加强和提升工程技术人员的职业素养为前提，深入贯彻国家、行业和地方现行工程技术标准、规范、规程及法规文件要求；以突出工程技术人员施工现场岗位管理工作为重点，满足技术管理需要和实际施工应用。

本书是结合建筑工程施工现场技术管理人员岗位工作与施工管理实际需要和应用而编写的，涵盖了测量员的工作职责、专业技能、专业知识等要点，具有很强的针对性、实用性、便携性和可读性。

本书主要内容涉及测量员岗位工作相关知识以及工程施工测量等，包括测量员岗位基础知识、测量员岗位主要工作、距离测量、水准测量、角度测量、施工测量、竣工图的绘制等内容，是工程施工测量工作的必备宝典，也适合作为测量员岗前、岗中培训与学习教材使用。力求使测量员岗位管理工作和现场实际应用更加科学化、系统化、规范化，并确保新技术的先进性、实用性和可操作性。

限于编者的水平，书中不妥与疏漏之处在所难免，敬请广大读者和专家批评指正，在此谨表谢意。

编　者

目　录

第 一 章

▶▶▶

测量员岗位基础知识

第一节　施工测量工作识图

一、施工图识读概述

1. 施工图的分类及作用

施工图纸一般按专业进行分类，分为建筑、结构、设备（给水排水、采暖通风、电气）等几类，分别简称为"建施""结施""设施"（"水施""暖施""电施"）。每一种图纸又分基本图和详图两部分。基本图表明全局性的内容，详图表明某一局部或某一构件的详细尺寸和材料做法等。

施工图是设计单位最终的"技术产品"，施工图设计的最终文件应满足四项要求：能据以编制施工图预算；能据以安排材料、设备的订货和非标准设备的制作；能据以进行施工和安装；能据以进行工程验收。施工图是进行建筑施工的依据，对建设项目建成后的质量及效果，负有相应的技术与法律责任。因此，常说"必须按图施工"。即使是在建筑物竣工投入使用后，施工图也是对该建筑进行维护、修缮、更新、改建、扩建的基础资料。特别是一旦发生质量或使用事故，施工图则是判断技术与法律责任的主要依据。

2. 施工图纸的编排顺序

一套房屋建筑的施工图按其复杂程度不同，可以由几张图或几十张图组成，大型复杂的建筑工程的图纸甚至有上百张。因此，按照国家标准的规定，应将图纸进行系统的编排。一般一套完整的施工图的排列顺序是：图纸目录、施工总说明、建筑总平面图、建筑施工图、结构施工图、给水排水施工图、采暖通风施工图、电气施工图等。其中各专业图纸也应按照一定的顺序编排，其总的原则是全局性图纸在前，局部详图在后；先施工的在前，后施工的在后；布置图在前，构件图在后；重要图纸在前，次要图纸在后。

3. 识读房屋施工图的基本方法

（1）读图应具备的基本知识。施工图是根据投影原理，用图纸来表明房屋建筑的设计和构造做法的。因此，要看懂施工图的内容，必须具备以下基本知识：

1）应熟练掌握投影原理和建筑形体的各种表示方法。

2）熟悉房屋建筑的基本构造。

3）熟悉施工图中常用图例、符号、线型、尺寸和比例等的意义及有关国家标准规定。

（2）识读施工图的基本方法与步骤。要准确、快速地识读施工图纸，除了要具备上面所说的基本知识外，还需掌握一定的方法和步骤。图纸的识读可分三大步骤进行。

1）第一步：按图纸编排顺序识读。通过对建筑的地点、类型、面积、层数等的了解，对该工程有一个初步的了解。

再看图纸目录，检查各类图纸是否齐全；了解所采用的标准图集的编号及编制单位，将图集准备齐全，以备查看。

然后按照图纸编排顺序，即建筑、结构、水、暖、电的顺序对工程图纸逐一进行识读，以便对工程有一个概括、全面的了解。

2）第二步：按工序先后，相关图纸对照读。先从基础看起，根据基础了解基坑的深度，基础的选型、尺寸、轴线位置等；另外还应结合地质勘探图，了解土质情况，以便施工中核对土质构造，保证施工质量。然后按照基础、结构、建筑的顺序，并结合设备施工程序进行识读。

3）第三步：按工种分别细读。由于施工过程中需要不同的工种完成不同的施工任务，所以为了全面准确地指导施工，除了要考虑各工种的衔接及工程质量和安全作业等措施外，还应根据各工种的施工工序和技术要求将图纸进一步分别细读，如砌砖工序要了解墙厚、墙高、门窗洞口尺寸、窗口是否有窗套或装饰线等；钢筋工序则应注意凡是有钢筋的图纸，都要细看，这样才能配料和绑扎。

总之，施工图识读的总原则是从大到小、从外到里、从整体到局部，有关图纸对照读，并注意阅读各类文字说明。看图时应将理论与实践相结合，联系生产实践，不断反复识读，才能尽快地掌握方法，全面指导施工。

二、建筑施工图识读

1. 总平面图

（1）总平面图及作用。在画有等高线或坐标方格网的地形图上，画上新建工程及其周围既有建筑物、构筑物及拆除房屋的外轮廓的水平投影，以及场地、道路、绿化等的平面布置图形，即为总平面图。

总平面图是表明新建房屋在基地范围内的总体布置图，是用来作为新建房屋的定位、施工放线、土方施工和布置现场（如建筑材料的堆放场地、构件预制场地、运输道路等），以及设计水、暖、电、煤气等管线总平面图的依据。

（2）总平面图的基本内容

1）总平面图常采用较小的比例绘制，如 1∶500、1∶1000、1∶2000。总平面图上的坐标、标高、距离，均以"m"为单位。

2）表明新建区的总体布局，如拨地范围，各建筑物及构筑物的位置，道路、管网的布置等。

3）表明新建房屋的位置、平面轮廓形状和层数；新建建筑与相邻的既有建筑或道路中心线的距离；新建建筑的总长与总宽；新建建筑物与既有建筑物或道路的间距，新增道路的间距等。

4）表明新建房屋底层室内地面和室外整平地面的绝对标高，说明土方填挖情况、地面坡度及雨水排除方向。

5）标注指北针或风玫瑰图，用以说明建筑物的朝向和该地区常年的风向频率。

6）根据工程的需要，有时还有水、暖、电等管线总平面图，各种管线综合布置图，竖向设计图，道路纵、横剖面图以及绿化布置图。

（3）识读总平面图的步骤

总平面图的阅读步骤如下：

1）看图样的比例、图例及相关的文字说明。

2）了解工程的性质、用地范围和地形、地物等情况。

3）了解地势高低。

4）明确新建房屋的位置和朝向、层数等。

5）了解道路交通情况，了解建筑物周围的给水排水、供暖和供电的位置，管线布置走向。

6）了解绿化、美化的要求和布置情况。

以上只是识读平面图的基本步骤，每个工程的规模和性质各不相同，识读的详略也各不相同。

（4）测量员读总平面图要点

1）阅读文字说明、熟悉总图图例，了解图的比例尺、方位与朝向的关系。

2）了解总体布置、地物、地貌、道路、地上构筑物、地下各种管网布置走向，以及水、暖、气等在新建建筑物中的引入方向。

3）测量人员要特别注意，一定要弄清新建建筑物位置和高程的定位依据及定位条件。

2. 建筑平面图

（1）建筑平面图的形成与作用。建筑平面图是假想用一水平的剖切平面沿房屋的门窗洞口将整个房屋切开，移去上半部分，对其下半部分作出水平剖面图，称为建筑平面图。

建筑平面图是表达了建筑物的平面形状，走廊、出入口、房间、楼梯、卫生间等的平面布置，以及墙、柱、门窗等构（配）件的位置、尺寸、材料和做法等内容的图样。

建筑平面图是建筑施工图中最重要、最基本的图样之一，它用以表示建筑物某一层的平面形状和布局，是施工测量放线、墙体砌筑、门窗安装、室内外装修的依据。

（2）基本内容

1）通过图名，可以了解这个建筑平面图表示的是房屋的哪一层平面；比例应根据房屋的大小和复杂程度确定。建筑平面图的比例宜采用1:50、1:100、1:200。

2）建筑物的朝向、平面形状及内部布置情况，墙（柱）的位置、门窗的布置及其编号。

3）纵、横定位轴线及其编号。

4）尺寸标注。

① 外部三道尺寸：总尺寸、轴线尺寸（开间及进深）、细部尺寸（门窗洞口、墙垛、墙厚等）。

② 内部尺寸：内墙墙厚、室内净空大小、内墙上门窗的位置及宽度等。

5）标高：室内外地面、楼面、特殊房间（卫生间、盥洗室等）楼（地）面、楼梯休息平台、阳台等处建筑标高。

6）剖面图的剖切位置、剖视方向、编号。

7）构（配）件及固定设施（如阳台、雨篷、台阶、散水、卫生器具等）的定位轴线，其中吊柜、洞槽、高窗等用细单点长画线表示。

8）有关标准图及大样图的详图索引。

（3）建筑平面图的读图要点

1）多层建筑物的各层平面图，原则上应从首层平面图（有地下室时应从地下室）读起，逐层读到顶层平面图。必须注意每层平面图上的文字说明，尺寸要以轴线图为准。

2）每层平面图先从轴线开始读起，记准开间、进深尺寸，再看墙厚、柱子的尺寸及其与轴线的关系，然后是门窗的尺寸和位置等。一般应按先大后小、先粗后细、先结构后装饰的顺序进行。最后可按不同的房间，逐个掌握图纸表达的内容。

3）检查尺寸与标高有无注错或遗漏。

4）仔细核对门窗型号和数量，掌握内装饰的各处做法。

5）结合结构布置图、设备系统平面图识读，互相参照，以利施工。

3. 建筑立面图

（1）形成与作用。为了表示房屋的外貌，通常将房屋的四个主要的墙面向与其平行的投影面进行投射，所画出的图样称为建筑立面图。

立面图表示建筑的外貌、立面的布局造型，门窗位置及形式，立面装修的材料，阳台和雨篷的做法以及雨水管的位置。立面图是设计人员构思建筑艺术的体现。在施工过程中，立面图主要用于室外装修。

（2）建筑立面图的命名

1）以建筑墙面的特征命名。将反映主要出入口或比较显著地反映房屋外貌特征的墙面，称为"正立面图"。其余立面称为"背立面图"和"侧立面图"。

2）按各墙面朝向命名，如"南立面图""北立面图""东立面图"和"西立面图"等。

3）按建筑两端定位轴线编号命名，如①~⑨立面图等。

（3）建筑立面图基本内容

1）建筑立面图的比例与平面图的比例一致，常用 1:50、1:100、1:200 的比例尺绘制。

2）室外地面以上的外轮廓、台阶、花池、勒脚、外门、雨篷、阳台、各层窗洞口、挑檐、女儿墙、雨水管等的位置。

3）外墙面装修情况，包括所用材料、颜色、规格。

4）室内外地坪、台阶、窗台、窗上口、雨篷、挑檐、墙面分格线、女儿墙、水箱间及房屋最高顶面等主要部位的标高及必要的高度尺寸。

5）有关部位的详图索引，如一些装饰、特殊造型等。

6）立面左右两端的轴线标注。

（4）建筑立面图读图要点

1）应根据图名或轴线编号对照平面图，明确各立面图所表示的内容是否正确。

2）检查立面图之间有无不匹配的地方，通过识读立面图，联系平面图及剖面图建立建筑物的整体概念。

4. 建筑剖面图

（1）形成与作用。建筑剖面图主要用来表达房屋内部沿垂直方向各部分的结构形式、组合关系、分层情况、构造做法以及门窗高、层高等，是建筑施工图的基本图样之一。

剖面图通常是假想用一个或多个垂直于外墙轴线的铅垂剖切平面将整幢房屋剖开，经过投射后得到的正投影图，称为建筑剖面图。

剖面图的数量根据房屋的具体情况和施工的实际需要决定。一般剖切平面选择在房屋内部结构比较复杂、能反映建筑物整体构造特征以及有代表性的部位剖切，例如楼梯间和门窗洞口等部位。剖面图的剖切符号可用阿拉伯数字、罗马数字或拉丁字母编号，应标注在底层平面图上，剖切后的方向宜向上、向左。

（2）基本内容

1）剖面图的比例应与建筑平面图、立面图一致，宜采用 1:50、1:100、1:200 的比例尺绘制。

2）表明剖切到的室内外地面、楼面、屋顶、内外墙及门窗的窗台、过梁、圈梁、楼梯及平台、雨篷、阳台等。

3）表明主要承重构件的相互关系，如各层楼面、屋面、梁、板、柱、墙的相互位置关系。

4）标高及相关竖向尺寸，如室内外地坪、各层楼板、吊顶、楼梯平台、阳台、台阶、卫生间、地下室、门窗、雨篷等处的标高及相关尺寸。

5）剖切到的外墙及内墙轴线标注。

6）需另见详图部位的详图索引，如楼梯及外墙节点等。

（3）读图要点

1）根据平面图中表明的剖切位置及剖视方向，校核剖面图所表明的轴线编号、剖切到的部位及可见到的部位与剖切位置、剖视方向是否一致。

2）核对尺寸、标高是否与平面图一致。通过核对尺寸、标高及材料做法，加深对建筑物各处做法的整体了解。

5. 建筑平面图、立面图、剖面图的关系

平面图、立面图、剖面图是建筑施工图的三种基本图纸，它们所表达的内容既有分工又有紧密的联系。平面图重点表达房屋的平面形状和布局，反映长、宽两个方向的尺寸；立面图重点表现房屋的外貌和外装修，主要尺寸是标高；剖面图重点表示房屋内部竖向结构形式、构造方式，主要尺寸是标高和高度。三种图纸之间既有确定的投影关系，又有统一的尺寸关系，具有相互补充、相互说明的作用。定位轴线和标高数字是它们相互联系的基准。

识读房屋施工图纸，要运用上述联系，按平面图、立面图、剖面图的顺序来识读；同时，必须注意根据图名和轴线，运用投影对应关系和尺寸关系，互相对照识读。

6. 建筑详图

建筑详图是采用较大比例表示在平面图、立面图、剖面图中未交代清楚的建筑细部的施工图样，它的特点是比例大、尺寸齐全、材料及做法的说明十分详尽。在设计和施工过程中，建筑详图是建筑平面图、立面图、剖面图等基本图纸的补充和深化，是建筑工程的细部施工，是建筑构（配）件制作及编制预算的依据。

对于套用标准图或通用详图的建筑构（配）件和节点，应注明所选用图集的名称、编号或页码。

（1）建筑详图的图示内容和识图要点。建筑详图的内容、数量以及表示方法，都是根据施工的需要确定的。一般应表达出建筑局部、构（配）件或节点的详细构造，所用的各种材料及其规格，各部位、各细部的详细尺寸，包括需要标注的标高，有关施工要求和做法的说明等。当表示的内容较为复杂时，可在其上再索引出比例更大的详图。

在建筑详图中，墙身详图、楼梯详图、门窗详图是详图表示中最为基本的内容。

1）墙身详图。墙身详图与平面图配合，是砌墙、室内外装修、门窗洞口施工、编制预算的重要依据。

① 根据墙身的轴线编号，查找剖切位置及投影方向，了解墙体的厚度、材料及与轴线的关系。

② 看各层梁、板等构件的位置及其与墙身的关系。

③ 看室内楼地面、门窗洞口、屋顶等处的标高，识读标高时要注意建筑标高与结构标高的关系。

④ 看墙身的防水、防潮做法，如檐口、墙身、勒脚、散水、地下室的防水、防潮做法。

⑤ 看详图索引。一般图中的雨水管及雨水管进水口、踢脚板、窗帘盒、窗台板、外窗台等处均引有详图。

2）楼梯详图。楼梯详图主要表示楼梯的类型、结构形式及梯段、栏杆扶手、防滑条等的详细构造方式、尺寸和材料。

① 楼梯详图一般由楼梯平面图、剖面图和节点大样图组成。一般楼梯的建筑详图与结构详图是分别绘制的，但比较简单的楼梯有时也可将建筑详图与结构详图合并绘制，编入结构施工图中。楼梯详图是楼梯施工的主要依据。

a. 楼梯平面图。可以认为是建筑平面图中局部楼梯间的放大，它用轴线编号表明楼梯间的位置，注明楼梯间的长宽尺寸、楼梯级数、踏步宽度、休息平台的尺寸和标高等。

b. 楼梯剖面图。主要表明各楼层及休息平台的标高，楼梯踏步数，构件搭接方法，楼梯栏杆的形式及高度，楼梯间门窗洞口的标高及尺寸等。

c. 节点大样图。即楼梯构（配）件大样图，主要表明栏杆的截面形状、材料、高度、尺寸，以及与踏步、墙面的连接做法，踏步及休息平台的详细尺寸、材料、做法等。

节点大样图多采用标准图，对于一些特殊造型和做法的，还须单独绘制详图。

② 楼梯详图的读图要点。

a. 根据轴线编号查清楼梯详图与建筑平面图、立面图、剖面图的关系。

b. 楼梯间门窗洞口及圈梁的位置和标高，要与建筑平面图、立面图、剖面图及结构图纸对照识读。

c. 当楼梯间地面低于首层地面标高时，应注意楼梯间墙的防潮做法。

d. 当楼梯详图由建筑和结构两专业分别绘制时，应互相对照，特别注意校核楼梯梁、板的尺寸和标高。

③ 门窗详图。门窗详图一般由立面图、节点大样图组成。立面图用于表明门窗的形式、开启方式和方向、主要尺寸及节点索引号等；节点大样图用来表示截面形式、用料尺寸、安装位置、门窗扇与门窗框的连接关系等。

当前国家或地区标准图集对各种门窗，就其形式到尺寸表示得较为详尽，门窗的生产、加工也趋于规模化、统一化，门窗的加工已从施工过程中分离出来。因此，施工图中关于门窗详图内容的表达上，一般只需注明标准图集的代号即可，以便于预算、订货。

（2）标准图集的使用。在房屋建筑中，为了加快设计和施工的速度，提高质量，降低成本，设计部门把各种常见的建筑物以及各类房屋建筑中各专业所需要的构（配）件，按统一模数设计成几种不同的标准规格，统一绘制出成套的施工图，经有关部门审查批准后，供设计和施工单位直接选用。这种图称为建筑标准设计图，把它们分类、编号装订成册，称为建筑标准设计图集或建筑标准通用图集，简称标准图集或通用图集。

1）标准图集的分类，详见表1-1。

表1-1　标准图集的分类

分类	具体内容		
按使用范围	全国通用图集		经国家标准设计主管部门批准的全国通用的建筑标准设计图集
	地区通用图集		经省、市、自治区批准的建筑标准设计图集，可在相应地区范围内使用
	单位内部图集		由各设计单位编制的图集，可供单位内部使用
按表达内容	构（配）件标准图集	建筑配件标准图集	与建筑设计有关的建筑配件详图和标准做法，如门窗、厕所、水池、栏杆、屋面、顶棚、楼地面、墙面、粉刷等详图或做法
		建筑构件标准图集	与结构设计有关的构件的结构详图，如屋架、梁、板、楼梯、阳台等
	成套建筑标准设计图集		整幢建筑物的标准设计（定型设计），如住宅、小学、商店、厂房等

2）查阅方法

① 根据施工图中构（配）件所引用的标准图集或通用图集的名称、编号及编制单位，查找所选用的图集。

② 阅读图集的总说明，了解本图集编号和表示方法，以及编制图集的设计依据、适用范围、适用条件、施工要求及注意事项。

③ 根据施工图中的索引符号，即可找到所需要的构（配）件详图。

例如，木门的编号方法是：

如 $1M_137$，其中 $1M_1$ 表示夹板门带玻璃，门宽、高的代号分别为3和7，再由说明可知将宽度和高度代号各乘以300，即为门的尺寸900mm×2100mm。

7. 建筑定位轴线

（1）建筑定位轴线的作用。它是用来确定建（构）筑物主要结构或构件位置及尺寸的控制线，如在决定墙体位置，柱子位置，屋架、梁、板、楼梯的位置时都要编轴线。在平面图中，横向与纵向的轴线构成轴线网，它是设计绘图时决定主要结构位置和施工时测量放线的基本依据。一般情况下主要结构或构件的自身中线与定位轴线是一致的。但也常有不一致的情况，这在审图、放线和向施工人员交底时均应特别注意，以防放错线、用错线而造成工程错位事故。

（2）如何审校定位轴线图。由于定位轴线是确定建（构）筑物主要结构或构件位置及尺寸的控制线，因此严格审校好定位轴线图中的各种尺寸、角度关系是以后审校平面图的基础，尤其是大型、复杂建（构）筑物的定位轴线图。

1）定位轴线图的图形根据建（构）筑物的造型布置可分为以下两类：

① 矩形直线型轴线。这是最常用的、也是最简单的轴线。但当建筑平面分成几个区时，则应注意各分区轴线间的关系尺寸。如图1-1中，1区的⑴-Ⓑ轴与2区的②-Ⓓ轴东西贯通，1区的⑴-1轴与3区的③-3轴南北贯通；在没有贯通时，如1区的⑴-Ⓓ轴与3区的③-Ⓐ轴是相重合的，1区的⑴-7轴与2区的②-Ⓙ轴的东西间距 y 在图中应注明，以明确各分区间的关系。

② 多边折线型轴线，如折线"S"形轴线、对称蝶形轴线。

③ 圆弧曲线型轴线，如三面圆弧形轴线、"S"形圆弧轴线。

④ 二次曲线型轴线，如椭圆、双曲线、抛物线。

⑤ 复杂曲线型轴线，如蜗牛状复杂曲线。

2）定位轴线图的审校要遵守以下原则：

① 先校整体、后查细部的原则。即先对整个建筑场地和建筑物四廓尺寸的闭合校核无误后，再校核各细部尺寸。

② 先审定基本依据数据、再校核推导数据的原则。例如一段圆曲线的校核，一般折角 α 与半径 R 是基本依据，而圆弧长 L、切线长 T、弦长 C、外距 E 及矢高 M 则是推导数据，基本依据数据必须是原

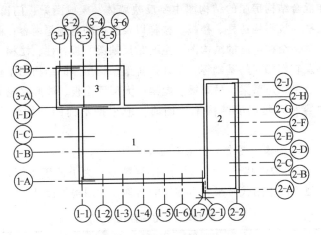

图 1-1 矩形直线型轴线

始的、正确的，才能用于对推导数据的校核。

③ 有独立有效的计算校核的原则。

④ 工程总体布局合理、适用，各局部布置符合各种规范要求的原则。前三项审校都是从几何尺寸上的审校，本项审校则是工程功能、工程构造与工程施工等方面的审校，如建筑物的间距应满足防火与日照及施工的需要等，这方面的审校就需要有丰富的工程知识和经验。

三、结构施工图识读

1. 结构施工图

（1）结构施工图的组成、作用及特点。结构施工图，是结构设计时根据建筑的要求，选择结构类型，进行合理的构件布置；再通过结构计算，确定构件的断面形状、大小、材料及构造，反映这些设计成果的图样。

结构施工图由结构设计说明、结构平面图、结构详图和其他详图组成。

结构施工图是施工放线、挖基槽、支模板、绑扎钢筋、设置预埋件、浇筑混凝土、安装预制构件、编制预算和施工组织计划的依据。

房屋由于结构形式的不同，结构施工图所反映的内容也有所不同，如混合结构房屋的结构图主要反映墙体、梁或圈梁、门窗过梁、混凝土柱、抗震构造柱、楼板、楼梯以及它们的基础等内容；而钢筋混凝土框架结构房屋的结构图，主要是反映梁、板、柱、楼梯、围护结构以及它们相应的基础等；另外，排架结构房屋的结构图主要反映柱子、墙梁、连系梁、吊车梁、屋架、大型屋面板、波形水泥大瓦等结构内容。因此识读结构施工图时，应根据不同的结构特点进行识读。

（2）结构施工图常用图示方法及符号

1）常用构件代号。结构构件种类繁多，为了便于绘图、读图，在结构施工图中用代号来表示构件的名称，常用构件代号见表1-2。

表1-2　常用构件代号

序号	名称	代号	序号	名称	代号	序号	名称	代号
1	板	B	19	圈梁	QL	37	承台	CT
2	屋面板	WB	20	过梁	GL	38	设备基础	SJ
3	空心板	KB	21	连系梁	LL	39	桩	ZH
4	槽形板	CB	22	基础梁	JL	40	挡土墙	DQ
5	折板	ZB	23	楼梯梁	TL	41	地沟	DG
6	密肋板	MB	24	框架梁	KL	42	柱间支撑	ZC
7	楼梯板	TB	25	框支梁	KZL	43	垂直支撑	CC
8	盖板或沟盖板	GB	26	屋面框架梁	WKL	44	水平支撑	SC
9	挡雨板或檐口板	YB	27	檩条	LT	45	梯	T
10	吊车安全走道板	DB	28	屋架	WJ	46	雨篷	YP
11	墙板	QB	29	托架	TJ	47	阳台	YT
12	天沟板	TGB	30	天窗架	CJ	48	梁垫	LD
13	梁	L	31	框架	KJ	49	预埋件	M—
14	屋面梁	WL	32	刚架	GJ	50	天窗端壁	TD
15	吊车梁	DL	33	支架	ZJ	51	钢筋网	W
16	单轨吊车梁	DDL	34	柱	Z	52	钢筋骨架	G
17	轨道连接	DGL	35	框架柱	KZ	53	基础	J
18	车挡	CD	36	构造柱	GZ	54	暗柱	AZ

2）钢筋的常用表示方法

① 钢筋的图示方法。在结构图中，钢筋的图示方法是结构图识

读的主要内容之一。除通常用单根粗实线表示钢筋的立面，用黑圆点表示钢筋的横断面外，还有很多常见的表示方法，见表 1-3。

表 1-3 钢筋的图示方法

序号	名称	图例	说明
1	钢筋横断面	•	—
2	无弯钩的钢筋端部	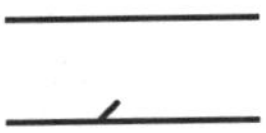	下图表示长、短钢筋投影重叠时，短钢筋的端部用 45°斜画线表示
3	带半圆形弯钩的钢筋端部		—
4	带直钩的钢筋端部		—
5	带螺扣的钢筋端部		—
6	无弯钩的钢筋搭接		—
7	带半圆弯钩的钢筋搭接		—
8	带直钩的钢筋搭接		—
9	花篮螺栓钢筋接头		—
10	机械连接的钢筋接头		用文字说明机械连接的方式（如冷挤压或直螺纹等）

② 钢筋构造要求。通常，结构施工图可能不会将钢筋构造要求全部示出。实际施工时，一般按混凝土结构设计规范、建筑抗震设计规范、钢筋混凝土结构构造图集或结构标准设计图集的构造要求，结合结构施工图指导施工。读者可参考上述设计规范、图集学习识图。

2. 基础图

基础图是建筑物室内地面以下部分承重结构的施工图，它包括基础平面图和基础详图。基础图是施工放线、开挖基槽、砌筑基础、计算基础工程量的依据。

（1）基础图的图示内容

1）基础平面图的内容

① 表明横、纵向定位轴线及其编号，应与建筑平面图相一致。

② 表明基础墙、柱、基础底面的形状、大小及其与轴线的关系。

③ 基础梁、柱、独立基础等构件的位置及代号，基础详图的剖切位置及编号。

④ 其他专业需要设置的穿墙孔洞、管沟等的位置、洞口尺寸、洞底标高等。

⑤ 基础施工说明。

2）基础详图的内容

① 基础断面图轴线及其编号（当一个基础详图适用于多条基础断面或采用通用图时，可不标注轴线编号）。

② 表明基础的断面形状、所用材料及配筋。

③ 标注基础各部分的详细构造尺寸及标高。

④ 防潮层的做法和位置。

⑤ 施工说明。

（2）基础图的识图要点

1）查明基础类型及其平面布置与建筑施工图的首层平面图是否一致。

2）识读基础平面图，了解基础边线的宽度。

3）将基础平面图与基础详图结合识读，查清轴线位置。

4）结合基础平面图的剖切位置及编号，了解不同部位的基础断面形状（如条形基础的放脚收退尺寸）、材料、防潮层位置、各部位的尺寸及主要部位标高。

5）对于独立基础等钢筋混凝土基础，应注意将基础平面图和基础详图结合识读，弄清配筋情况。

6）通过基础平面图，查清构造柱的位置及数量。其配筋及构造做法在基础说明中有详细的阐述，应仔细阅读。

7）查明留洞位置。

四、给水排水施工图识读

1. 平面图

（1）用水设备的平面位置、类型。

（2）给水排水管网的干管、立管、支管的平面位置、编号、走向等。

（3）消防栓、地漏、清扫口等的平面位置。

（4）给水引入及污水排除的平面位置，以及与室内外管网的关系。

（5）设备及管道安装的预留洞位置以及预埋件、管沟等。

2. 系统图

（1）表明建筑给水排水管网空间位置关系。

（2）各管径尺寸、立管编号、管道标高、安装坡度等。

（3）各种设备的型号、位置。

3. 详图

给水排水详图即给水排水设备的安装图。主要表示某些设备或管道上节点的详细构造，以及安装尺寸。详图要求详尽、具体、视图完整、尺寸齐全，材料规格注写清楚，必要时应附说明。一般情况下，设备及管道节点的安装都有标准图或通用图，如《全国通用给水排水标准图集》、《建筑设备施工安装图册》等，可直接引用；否则应单独绘制详图。详图识读时，应着重掌握详图上的各种尺寸及其要求。

4. 给水排水识图基本要点

（1）识读给水排水施工图，应将平面图和系统图结合起来，按照水流方向进行识读。如给水系统可按照"由干到支"的顺序，即"室外管网→进户管→干管→立管→支管→用水设备"；排水系统可按照"由支到干"的顺序，即"用水设备排水管→干管→立管→总管→室外检查井"。

（2）给水排水系统施工图中，一些常见部位的管材、设备等，其详细位置、尺寸、构造要求等，图中一般不作说明。识读时，应参阅有关专业设计规范、标准图集。

5. 看给水排水平面图

一般自底层开始，逐层识读给水排水平面图，从平面图可以看出下述内容。

（1）给水进户管和污（废）水排出管的平面位置、走向、定位尺寸、系统编号以及建筑小区给水排水管网的连接形式、管径、坡度等。一般情况下，给水进户管与排水排出管均有系统编号，可按此编号读图。

（2）给水排水干管、立管、支管的平面位置尺寸、走向和管径尺寸以及立管编号。

（3）建筑内部给水排水管道的布置方式：下行上给方式的水平配水干管敷设在底层或地下室天花板下，上行下给方式的水平配水干管敷设在顶层天花板下或吊顶之内，在高层建筑内也可设在技术夹层内；给水排水立管通常沿墙、柱敷设；在高层建筑中，给水排水管敷设在管井内；排水横管应于地下埋设，或在楼板下吊设等。

（4）卫生器具和用水设备的平面位置、定位尺寸、型号规格及数量。

（5）升压设备（水泵、水箱）等的平面位置、定位尺寸、型号规格及数量等。

（6）消防给水管道，消防栓的平面位置、型号、规格；水带材质与长度；水枪的型号与口径；消防箱的型号；明装与暗装、单门与双门。

6. 看给水排水系统图

在看给水排水系统图时，先看给水排水进出口的编号。为了看得清楚，往往将给水系统和排水系统分层绘出。给水排水各系统应对照给水排水平面图，逐个看各个管道系统图。在给水排水管网平面图中，表明了各管道穿过楼板、墙的平面位置，而在给水排水管网轴测图中，还表明了各管道穿过楼板、墙的标高。

（1）给水系统。识读给水系统轴测图时，从引入管开始，沿水流方向经过干管、立管、支管到用水设备。在给水系统图上卫生器具一般不画出来，水龙头、淋浴器、莲蓬头只画符号，用水设备如锅炉、热交换器、水箱等则画成示意性立体图，并在支管上注以文字说明。看图时应了解室内给水方式，地下水池和屋顶水箱或气压给水装置的设置情况，管道的具体走向，干管的敷设形式，管井尺寸及变化情况，阀门和设备以及引入管和各支管的标高等。

（2）排水系统。识读排水系统轴测图时，可从上而下自排水设备开始，沿污水流向经横支管、立管、干管到总排出管。排水系统图一般也只画出相应的卫生器具的存水弯或器具排水管。看图时应了解排水管道系统的具体走向、管径尺寸、横管坡度、管道各部位的标高、存水弯的形式、三通设备设置情况、伸缩节和防火圈的设置情况，以及弯头及三通的选用情况。

7. 看给水排水详图

建筑给水排水详图常用的有水表详图、管道节点详图、卫生设备详图、排水设备详图、室内消防栓详图等。看图时可了解具体构造尺寸、材料名称和数量，详图可供安装时使用。

五、采暖、通风空调工程图识读

1. 采暖施工图的图示内容

（1）采暖平面图

1）散热器的平面位置、规格、数量及安装方式。

2）供热干管、立管、支管的走向、位置、编号及其安装方式。

3）干管上的阀门、固定支架等部件的位置。

4）膨胀水箱、排气阀等采暖系统有关设备的位置、型号及规格。

5）设备及管道安装的预留洞、预埋件、管沟的位置。

（2）采暖系统图

1）散热设备和主要附件的空间相互关系及在管道系统中的位置。

2）散热器的位置、数量，各管径尺寸，立管编号。

3）管道标高及坡度。

（3）采暖详图。主要体现复杂节点、部件的尺寸、构造及安装要求，包括标准图及非标准图。非标准图指的是平面及系统图中表示不清，又无国家标准图集的节点、零件等。

2. 采暖施工图的识读

识读采暖施工图需先熟悉图纸目录，了解设计说明和主要的建筑图（总平面图及平面图、立面图、剖面图）及有关的结构图，在此基础上将采暖平面图和系统图联系对照识读，同时再辅以有关详图配合识读。

（1）图纸目录和设计说明的识读

1）熟悉图纸目录。从图纸目录中可知工程图纸的种类和数量，包括所选用的标准图或其他工程图纸，从而可粗略得知工程的概貌。

2）了解设计和施工说明，它一般包括：

① 设计所使用的有关气象资料、卫生标准、热负荷量、热指标等基本数据。

② 采暖系统的形式、划分及编号。

③ 统一图例和自用图例符号的含义。

④ 图中未加说明或说明不够明确而需特别说明的一些内容。

⑤ 统一做法的说明和技术要求。

（2）采暖平面图的识读

1）明确室内散热器的平面位置、规格、数量以及散热器的安装方式（明装、暗装或半暗装）。散热器一般布置在窗台下，以明装为多，如为暗装或半暗装一般都会在图纸说明中注明。散热器的规格较多，除可依据图例加以识别外，一般在施工说明中均有注明。散热器的数量均标注在散热器旁。

2）了解水平干管的布置方式。识读时需注意干管是敷设在最高层、中间层还是在底层，以了解采暖系统是上分式、中分式或下分式还是水平式。通常在底层平面图上还会出现回水干管或凝结水干管（虚线），识图时也要注意。此外，还应搞清干管上的阀门、固定支架、补偿器等的位置、规格及安装要求等。

3）通过立管编号查清立管系统的数量和位置。

4）了解采暖系统中膨胀水箱、集气罐（热水采暖系统）、疏水器（蒸汽采暖系统）等设备的位置、规格以及设备管道的连接情况。

5）查明采暖入口及入口地沟或架空情况。当采暖入口无节点详图时，采暖平面图中一般会将入口装置的设备如控制阀门、减压阀、除污器、疏水器、压力表、温度计等表达清楚，并注明规格，热媒的来源、流向等。若采暖入口装置采用标准图，则可按注明的标准图号查阅标准图。当有采暖入口详图时，可按图中所注详图编号查阅采暖入口详图。

（3）采暖系统图的识读

1）按热媒的流向确认采暖管道系统的形式及其连接情况，各管段的管径、坡度、坡向，水平管道和设备的标高以及立管编号等。采暖系统图完整表达了采暖系统的布置形式，清楚地表明了干管与立管以及立管、支管与散热器之间的连接方式。散热器支管有一定的坡度，其中供水支管坡向散热器，回水支管则坡向回水立管。

2）了解散热器的规格及数量。当采用柱形或翼形散热器时，要弄清散热器的规格与片数（以及带脚片数）。当为光滑管散热器时，要弄清其型号、管径、排数及长度。当采用其他采暖设备时，应弄清设备的构造和标高（底部或顶部）。

3）注意查清其他附件与设备在管道系统中的位置、规格及尺寸，并与平面图和材料表等加以核对。

4）查明采暖入口的设备、附件、仪表之间的关系，以及热媒的来源、流向、坡向，标高，管径等。如有节点详图，则要查明详图编号，以便查阅。

3. 通风空调施工图识读

（1）看通风管道的平面图。以某建筑的首层通风平面布置图作为图例进行说明，如图 1-2 所示。

从图上看出这是两个通风管道系统，为了明显起见管道上都涂上深颜色。看图时必须明白通风管道不是在室内底部的平面上，而是在这个建筑物的空间的上部，一般吊在吊顶内。其中一根是专给会议厅送风的管道；另一根是分别给大餐厅、大客厅、小餐室、小客厅四个房间送风的。图上用引出线标示出管道的断面尺寸，如"1200 × 450"即为管道宽 1.2m、高 45cm。在引出线下部写的"底 3250"，意思是通风管底面到室内地坪的高度为 3.25m。

图上还有风向进出的箭头，剖切线的剖切位置等。从平面图上我们仅能知道管道的平面位置，这还不能了解它的全貌，还需要看剖面图才能全面了解从而进行施工。

（2）看通风管道的剖面图。根据平面图的剖切线，可以绘成剖面图，看出管道在竖向的走向和与水平方向的连接，如图 1-3 所示。

图 1-3 列出了 A—A、B—B、C—C 三个剖面，其中 A—A 剖面是剖切两根风管的南端，切口处均用孔洞图形表示，并写出断面尺寸，

一个是"650 × 450",一个是"900 × 450",底面距地坪高度为
3.25m,还看到风管由首层竖向通到二层拐弯向会议厅送风,位置在
会议厅的吊顶内。结合平面可以看出共三个拐弯管弯入二层向会议厅
去,并标出送风口距地面高度为4.900m。A—A剖面上还可以看到地
面部分有回风道的入口,图上还注明了回风道,应看土建图纸建16,
这时就要找出土建图结合一起看图。

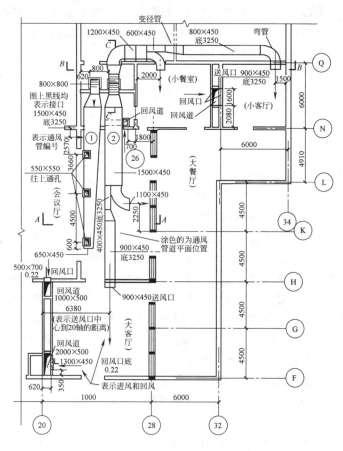

图1-2 某宾馆通风管道局部平面图

B—B剖面可以看到北端风管的空间位置,图上标出了风管的管
底标高,几个送风口尺寸。

$C-C$ 剖面主要表示送风管的来源，风管的竖向位置、断面尺寸，与水平管连接采用的三通管，三通中的调节阀等。

结合看平面图和剖面图，就可以了解室内风管是如何安装施工的。在看图中还应根据施工规范了解到风管的吊挂应预埋在楼板下，这在看图时应考虑施工时的配合预埋。

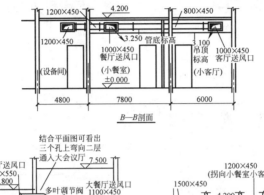

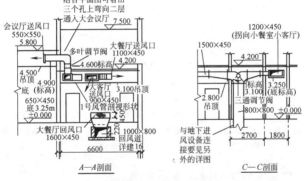

图 1-3　通风管道剖面图

（3）看通风施工的详图。详图主要用于制作风管等，现介绍几个弯管、法兰的详图，作为对详图的了解，如图 1-4、图 1-5 所示。

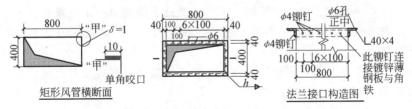

图 1-4　通风施工详图（一）

注：也有圆形的通风管。

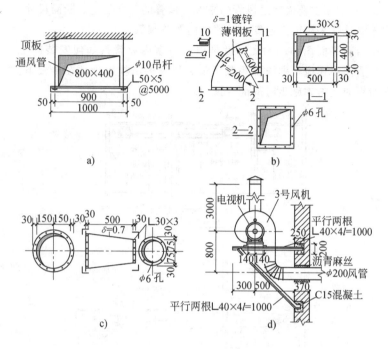

图 1-5 通风施工详图（二）

a）通风管吊挂剖面图　b）矩形弯管图　c）变径管（俗称大小头）详图
d）风机在外墙上安装图

六、建筑电气工程图识读

1. 电气施工图的内容

电气施工图也像土建施工图一样，需要正确、齐全、简明地把内容表达出来。一般由以下几方面的图纸组成。

（1）目录。电气施工图一般与土建施工图同用一张目录表，表上注明电气施工图的名称、内容、编号顺序，如电施-01、电施-02等。

（2）电气设计说明。电气设计说明都放在电气施工图之前，说明设计要求。如说明：

1）电源来路，内外线路，强、弱电及电气负荷等级。

2）建筑构造要求，结构形式。

3）施工注意事项及要求。

4）线路材料及敷设方式（明、暗线）。

5）各种接地方式及接地电阻。

6）需检验的隐蔽工程和电器材料等。

（3）电器规格做法表。主要是说明该建筑工程的全部用料及规格做法，形式见表1-4。

表1-4　电器规格做法

图　　例	名　称	规格及做法说明

（4）电气外线总平面图。大多单独绘制，有的为节省图纸就在建筑总平面图上标示出电线走向、电杆位置，不再单独绘制电气总平面图。如在既有建筑群中，原有电气外线均已具备，一般只在电气平面图上的建筑物外界标出引入线位置，不必单独绘制外线总平面图。

（5）电气系统图。主要是标示出强电系统和弱电系统的连接，从而了解建筑物内的配电情况。图上标示出配电系统导线的型号、截面、穿管管径以及设备容量等。

（6）电气施工平面图。包括动力、照明、弱电、防雷等各类电气平面布置图。图上表明电源引入线的位置、安装高度，电源方向；配电盘、接线盒位置；线路敷设方式、根数；各种设备的平面位置，电器的容量、规格、安装方式和高度；开关位置等。

（7）电器大样图。凡做法有特殊要求而又无标准件的，图纸上就绘制大样图，注出详细尺寸，以便制作。

2. 电气施工图看图步骤

（1）先看图纸目录，初步了解图纸张数和内容，找出自己要看的电气图纸。

（2）看电气设计说明和规格表，了解设计意图及各种符号的意思。

（3）按顺序看各种图纸，了解图纸内容，并将系统图和平面图结合起来，弄清含义，在看平面图时应按房间有次序地识读，了解线路走向及设备装置（如灯具、插销、机械等）。充分掌握施工图的内容后，才能进行制作及安装。

3. 线型

建筑电气专业图纸常用线型见表1-5。

表1-5　建筑电气专业图纸常用线型

图线名称		线型	线宽	一般用途
实线	粗		b	本专业设备之间电气通路连接线、本专业设备可见轮廓线、图形符号轮廓线
	中粗		$0.7b$	
	中		$0.5b$	本专业设备可见轮廓线、图形符号轮廓线、方框线、建筑物可见轮廓
	细		$0.25b$	非本专业设备可见轮廓线，尺寸、标高、角度等标注线及引出线
虚线	粗		b	本专业设备之间电气通路隐含连接线；线路改造中原有线路
	中粗		$0.7b$	本专业设备不可见轮廓线、地下电缆沟、排管区、隧道、屏蔽线、机械连锁线
	中		$0.5b$	
	细		$0.25b$	非本专业设备不可见轮廓线、地下管沟、建筑物不可见轮廓等
波浪线	粗		b	本专业软管、护套保护的电气通路连接线、蛇形敷设缆线
	细		$0.25b$	断开界线
单点长画线			$0.25b$	轴线，中心线，结构、功能、单元相同围框线
长短画线			$0.25b$	结构、功能、单元相同围框线
双点长画线			$0.25b$	辅助围框线
折断线			$0.25b$	断开界线

4. 文字符号

文字符号是电气施工图图示方法的一个特点，它用来表明系统中设备、装置、元件、部件及线路的名称、性能、作用、位置和安装方式等。

5. 识读室内电气施工图的一般方法

（1）应按识读建筑电气工程图的一般顺序进行识读。首先应识读相对应的室内电气系统图，了解整个系统的基本组成及相互关系，做到心中有数。

（2）阅读设计说明。平面图常附有设计或施工说明，以表达图中无法表示或不易表示，但又与施工有关的问题。有时还给出设计所采用的非标准图形符号。了解这些内容对进一步读图是十分必要的。

（3）了解建筑物的基本情况，如房屋结构、房间分布与功能等。因电气管线敷设及设备安装与房屋的结构直接有关。

（4）熟悉电气设备、灯具等在建筑物内的分布及安装位置，同时要了解它们的型号、规格、性能、特点和对安装的技术要求。对于设备的性能、特点及安装技术要求，往往要通过阅读相关技术资料及施工验收规范来了解。

（5）了解各支路的负荷分配情况和连接情况。在了解了电气设备的分布之后，就要进一步明确它是属于哪条支路的负荷，从而弄清它们之间的连接关系，这是最重要的。一般从进线开始，经过配电箱后，逐条识读支路。如果这个问题解决不好，就无法进行实际配线施工。

由于动力负荷多是三相负荷，所以主接线的连接关系比较清楚。然而照明负荷都是单相负荷，而且照明灯具的控制方式多种多样，加上施工配线方式的不同，对相线、零线、保护线的连接各有要求，所以其连接关系较复杂，如相线必须经开关后再接灯座，而零线则可直接进灯座，保护线则直接与灯具金属外壳相连接。这样就会在灯具之间、灯具与开关之间出现导线根数的变化。其变化规律要通过熟悉照明基本线路和配线基本要求才能掌握。

（6）室内电气平面图是施工单位用来指导施工的依据，也是施工单位用来编制施工方案和工程预算的依据。而常用设备、灯具的具体安装图却很少给出，这只能通过识读安装大样图（国家标准图）来解决。所以平面图和安装大样图的识读应相互结合起来。

（7）室内电气平面图只表示设备和线路的平面位置，很少反映空间高度。但是我们在识读平面图时，必须建立起空间概念。这对预算技术人员特别重要，可以防止在编制工程预算时，造成垂直敷设管线的漏算。

（8）相互对照、综合看图。为避免建筑电气设备及电气线路与其他建筑设备及管路在安装时发生位置冲突，在识读室内电气平面图时要对照识读其他建筑设备安装工程施工图，同时还要了解规范要求。

6. 室内电气照明工程系统图的识读

读懂了系统图，对整个电气工程就有了一个总体的认识。

室内电气照明工程系统图是表明照明的供电方式、配电线路的分布和相互联系情况的示意图，图上标有进户线的型号、芯数、截面面积以及敷设方法和所需保护管的尺寸，总电表箱和分电表箱的型号，供电线路的编号、敷设方法、容量以及管线的型号规格。

7. 室内电气照明工程平面图的识读

根据平面图标示的内容，识读平面图要沿着电源、引入线、配电箱、引出线、用电器具的顺序识读。在识读过程中，要注意了解导线的根数、敷设方式，灯具的型号、数量、安装方式及高度，插座和开关的安装方式、安装高度等内容。

七、工业厂房建筑施工图识读

1. 单层工业厂房平面图与基础图

（1）厂房平面图与基础图的作用。主要是供测量放线、浇筑杯形基础垫层定位和厂房四周围护墙放线，安装厂房钢窗、铁门与生产设备，以及编制预算、备料等用。

（2）厂房平面图与基础图的基本内容

1）表明厂房的平面形状、布置与朝向。它包括厂房平面外形、内部布置、厂门位置、厂外散水宽度与厂内地面做法等。

2）表明厂房各部平面尺寸。即用轴线和尺寸线标注各处的准确尺寸。横向和纵向外廓尺寸为三道，即总外廓尺寸、柱间距与跨度尺寸，以及门窗洞口尺寸。内部尺寸则主要标注墙厚、柱子断面，以及内墙门窗洞口和预留洞口的位置、大小、标高等。标注时应注意与轴线的关系。

3）表明厂房的结构形式和主要建筑材料，通过图例加以说明。

4）表明厂房地面的相对标高与绝对高程，厂房外散水与道路的设计标高，基础底面与顶面的设计标高。

5）反映水、电等对土建的要求，如配电盘、消防栓等。

（3）读图要点与注意事项。图1-6 的右半部分为××厂房的平面图，左半部分为该厂房的基础图。识读中应注意以下几点：

1）以轴线为准，检查平面图与基础图的柱间距、跨度及相关尺寸是否对应。

2）厂房内中间柱列⑥~⑦轴中有洗手池，12m 跨中有一台 5t 起重机，18m 跨中有一台 10t 起重机，厂房东南角有两间工具间。

3）厂房内地面绝对高程为 46.200m。厂房柱基尺寸有三种，宽度均为 2.4m，但长度不同。四角柱基尺寸相同，但轴线位置不同。

4）厂房外为 240mm 厚的围护结构，1m 宽的散水。

5）厂房的柱间距与跨度的尺寸均较大，但厂房内也有尺寸较小的构件，如爬梯等，看图时也应注意。

2. 单层工业厂房立面图与剖面图

（1）厂房立面图与剖面图的作用。立面图主要表明厂房的外观、装饰做法。剖面图主要表明厂房的结构形式、标高尺寸等。

（2）厂房立面图与剖面图的基本内容

1）厂房立面图一般比较简单，主要表明厂房的外形、散水、勒脚、门窗、圈梁、檐口、天窗、爬梯等。

2）立面图表明各处的外装饰做法及所用材料。

3）厂房剖面图表明围护结构的构造，圈梁与柱的构造，梁板结构及位置，屋等、屋面板与天窗架的构造等。

4）厂房内起重机及吊车梁等。

5）厂房内地面标高及厂房外地面标高。由于厂房多不分层，各结构部位均标注标高和相对高差。

（3）读图要点与注意事项。图1-7 为××厂房西侧立面图，图1-8 为××厂房剖面图。识读中应注意以下几点：

1）根据平面图中表明的剖切位置及剖视方向，校核剖面图表明的轴线编号、剖切到的部位及可见到的部位与剖切位置、剖切方向是

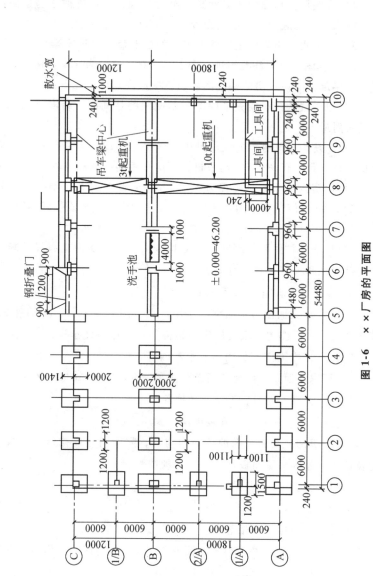

图 1-6　××厂房的平面图

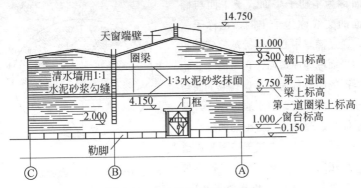

图1-7 ××厂房西侧立面图

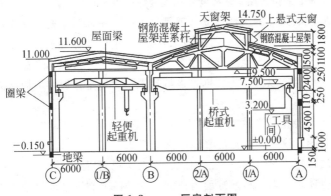

图1-8 ××厂房剖面图

否一致。

2）校对跨度、尺寸、标高与平面图、立面图是否一致，通过核对尺寸、标高及材料做法，加深对厂房结构各处做法的全面了解。

3）厂房内地面标高与厂房外地面标高同基础标高应相对应。

第二节 测量的基本知识

一、测量坐标系

1. 大地坐标系

在图1-9中，NS为椭球的旋转轴，N表示北极，S表示南极。通过椭球旋转轴的平面称为子午面，而其中通过原格林尼治天文台的子午面称为本初子午面。子午面与椭球面的交线称为子午圈，也称子午线。通过椭球中心且与椭球旋转轴正交的平面称为赤道面，它与椭球面相截所得的曲线称为赤道。其他平面与椭球旋转轴正交，但不通过球心，这些平面与椭球面相截所得的曲线，称为平行圈或纬圈。本初子午面和赤道面，是在椭球面上某一确定点投影位置的两个基本平面。在测量工作中，

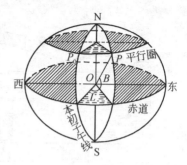

图 1-9　大地坐标系

点在椭球面上的位置用大地经度 L 和大地纬度 B 表示。

一般说的某点的大地经度，就是该点的子午面与本初子午面所夹的二面角；大地纬度就是通过该点的法线（与椭球面相垂直的线）与赤道面的交角。大地经度 L 和大地纬度 B，统称为大地坐标。大地经度与大地纬度以法线为依据，也就是说，大地坐标以参考椭球面作为基准面。

由于 P 点的位置通常是在该点上安置仪器，并用天文测量的方法来测定的。这时，仪器的竖轴必然与铅垂线相重合，即仪器的竖轴与该处的大地水准面相垂直。因此，用天文观测所得的数据以铅垂线为准，也就是说以大地水准面为依据。这种由天文测量求得的某点位置，可用天文经度 λ 和天文纬度 ϕ 表示。

不论是大地经度 L 还是天文经度 λ，都要从本初子午面算起。在格林尼治以东的点，从本初子午面向东计，由 $0°$ 到 $180°$ 称为东经；同样，在格林尼治以西的点，则从本初子午面向西计，由 $0°$ 到 $180°$ 称为西经，实际上东经 $180°$ 与西经 $180°$ 是同一个子午面。我国各地的经度都是东经。不论大地纬度 B 还是天文纬度 ϕ，都从赤道面算起，在赤道以北的点的纬度由赤道面向北计，由 $0°$ 到 $90°$，称为北纬；在赤道以南的点，其纬度由赤道面向南计，也是由 $0°$ 到 $90°$，称为南纬。我国疆域全部在赤道以北，各地的纬度都是北纬。

在测量工作中，某点的投影位置一般用大地坐标 L 及 B 来表示。但实际进行观测时，量距或测角都是以铅垂线为准的，因而，若要求

精确地将所测得的数据换算成大地坐标，则必须经过改化。在普通测量工作中，由于要求的精确程度不是很高，所以可以不考虑这种改化。

2. 平面直角坐标系

在小区域内进行测量工作，若采用大地坐标来表示地面点位置是不方便的，通常是采用平面直角坐标。某点用大地坐标表示的位置，即是该点在球面上的投影位置。研究大范围地面形状和大小时，必须把投影面作为球面，由于在球面上求解点与点间的相对位置关系是比较复杂的问题，实际测量时，计算和绘图最好在平面上进行。所以，在研究小范围地面形状和大小时，常把球面的投影面当做平面看待。也就是说测量区域较小时，可以用水平面代替球面作为投影面。这样，就可以采用平面直角坐标来表示地面点在投影面上的位置。测量工作中所用的平面直角坐标系，与数学中的直角坐标系基本相同，只是坐标轴互换，象限顺序相反。测量工作以 x 轴为纵轴，一般用它表示南北方向；以 y 轴为横轴，表示东西方向，如图 1-10 所示，这是由于在测量工作中坐标系中的角通常是指以北方为准，按顺时针方向到某条边的夹角，而三角学中三角函数的角则是从横轴按逆时针计的缘故。把 x 轴与 y 轴纵横互换后，全部三角公式都同样能在测量计算中应用。测量上用的平面直角

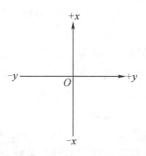

图 1-10　平面直角坐标系

坐标的原点，有时是假设的。一般可以把坐标原点 O 假设在测区西南以外，使测区内各点坐标均为正值，以便于计算应用。

3. 高斯平面坐标系

当测区范围较小时，把地球表面的一部分当做平面看待，所测得地面点的位置或一系列点所构成的图形，可直接用相似而缩小的方法描绘到平面上去。但当测区范围较大时，由于存在较大的差异，就不能用水平面代替球面。而作为大地坐标投影面的旋转椭球面，又是一个"不可展"的曲面，不能简单地展成平面。这样，就不能把地球的很大一块地表面当做平面看待，必须将旋转椭球面上的点位换算到平面上，这在测量上称为地图投影。投影方法有多种，投影中可能存在

角度、距离和面积三种变形，因此必须采用适当的投影方法来解决这个问题。测量工作中，通常采用的是保证角度不变形的高斯投影方法。

为便于理解，把地球作为一个地球椭球体看待，设想把一个平面卷成一个横圆柱，把它套在地球椭球体外面，使横圆柱的轴心通过球体的中心，把球体面上的一根子午线与横圆柱相切，即这条子午线与横圆柱重合，通常称它为"中央子午线"或"轴子午线"。因为这种投影方法把地球分成若干范围不大的带进行投影，带的宽度一般分为经差6°、3°和1.5°等几种，简称为6°带、3°带和1.5°带。6°带是这样划分的，它是从0°子午线算起，由西向东以经度每差6°为一带，此带中间的一条子午线，就是此带的中央子午线或轴子午线。以东半球来说，第一个6°投影带的中央子午线是东经3°，第二带的中央子午线是东经9°，依此类推。对于3°投影带来说，它是从东经1°30′开始每隔3°为一个投影带，其第一带的中央子午线是东经3°，而第二带的中央子午线是东经6°，依此类推。图1-11表示两种投影的分带情况。中央子午线投影到横圆柱上是一条直线，把这条直线作为平面坐标的纵坐标轴即 x 轴。所以中央子午线也称轴子午线。另外，扩大赤道面与横圆柱相交，这条交线必然与中央子午线相垂直。若将横圆柱沿母线切开并展平后，在圆柱面上（即投影面上）即形成两条互成正交的直线，如图1-12所示。这两条正交的直线相当于平面直角坐标系的纵、横轴，故这种坐标既是平面直角坐标，又与大地坐标的经、纬度发生联系，对大范围的测量工作也就适用了。这种方法由高斯创意并经克吕格改进，因而通常称它为高斯-克吕格坐标。

在高斯平面直角坐标系中，以每一带的中央子午线的投影为直角坐标系的纵轴 x，向北为正，向南为负；以赤道的投影为直角坐标系的横轴 y，向东为正，向西为负；两轴交点 O 为坐标原点。由于我国领土位于北半球，因此，x 坐标值均为正值，y 坐标可能有正有负，如图1-13所示，A、B 两点的横坐标值分别为

$$y_A = +148680.54\text{m}, y_B = -134240.69\text{m}$$

为了避免出现负值，将每一带的坐标原点向西平移500km，即将横坐标值加500km，则 A、B 两点的横坐标值为

$$y_A = 500000\text{m} + 148680.54\text{m} = 648680.54\text{m}$$

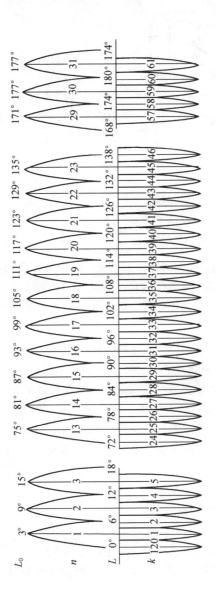

图 1-11　两种投影的分带情况

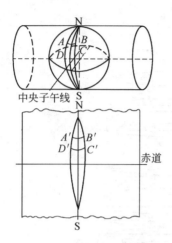

图 1-12　高斯-克吕格坐标

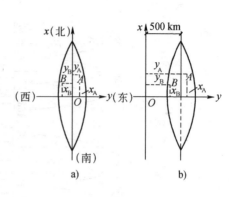

图 1-13　坐标值的确定

$$y_B = 500000\text{m} - 134240.69\text{m} = 365759.31\text{m}$$

为了根据横坐标值能确定某一点位于哪一个 6°（或 3°）投影带内，再在横坐标前加注带号，例如如果 A 点位于第 21°带，则其横坐标值为

$$y_A = 21648680.54\text{m}$$

4. 空间直角坐标系

由于卫星大地测量日益发展，空间直角坐标系也被广泛采用，特别是在 GPS 测量中必不可少。它是用空间三维坐标来表示空间一点的位置的，这种坐标系的原点设在椭球的中心 O，三维坐标用 x、y、z 表示，亦称地心坐标系。它与大地坐标有一定的换算关系。随着 GPS 测量的普及使用，目前空间直角坐标已逐渐被军事及国民经济各部门采用，作为实用坐标。

二、确定地面点

1. 高程

地面点到大地水准面的铅垂距离，称为绝对高程，又称海拔，简称高程。在图 1-14 中的 A、B 两点的绝对高程为 H_A、H_B。由于受海潮、风浪等的影响，海水面的高低时刻在变化着，我国在青岛设立验潮站，进行长期观测，取黄海平均海水面作为高程基准面，建立

1956 年黄海高程系。其中，青岛国家水准原点的高程为 72.289m。该高程系统自 1987 年废止，并且启用了 1985 年国家高程基准，其中原点高程为 72.260 m。全国布置的国家高程控制点——水准点，都是以这个水准原点为起算的。在实际工作中使用测量资料时，一定要注意新旧高程系统的差别，注意新旧系统中资料的换算。

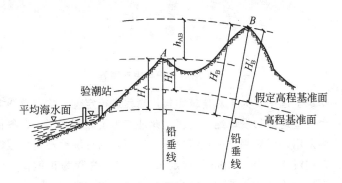

图 1-14　地面点的高程示意

在局部地区或某项建设工程远离已知高程的国家水准点，可以假设任意一个高程基准面为高程的起算基准面：指定工地某个固定点并假设其高程，该工程中的高程均以这个固定点为准，即所测得的各点高程都是以同一任意水准面为准的假定高程（也称相对高程）。将来如有需要，只需与国家高程控制点联测，再经换算成绝对高程就可以了。地面上两点高程或相对高程之差称为高差，一般用 h 表示。不论是绝对高程还是相对高程，其高差均相同。

测量工作的基本任务是确定地面点的空间位置，确定地面点空间位置需要三个量，即确定地面点在球面上或平面上的投影位置（即地面点的坐标）和地面点到大地水准面的铅垂距离（即地面点的高程）。

2. 绝对高程（H）

绝对高程（H）是地面上一点到大地水准面的铅垂距离。如图 1-15 所示，A 点、B 点的绝对高程分别为 $H_A = 44m$、$H_B = 78m$。

3. 相对高程（H'）

相对高程（H'）是地面上一点（P）到假定水准面的铅垂距离。

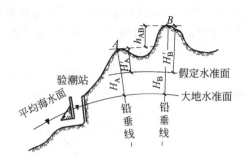

图 1-15　绝对高程与相对高程

在建筑工程中，为了对建筑物整体高程进行定位，均在总图上标明建筑物首层地面的设计绝对高程。此外，为了方便施工，在各种施工图中多采用相对高程。一般情况下，将建筑物首层地面定为假定水准面，其相对高程为 ±0.000。假定水准面以上高程为正值；假定水准面以下高程为负值。例如，某建筑首层地面相对高程 $H'_0 = ±0.000$（绝对高程 $H_0 = 44.800\text{m}$），室外散水相对高程为 $H'_散 = -0.600\text{m}$，室外热力管沟底的相对高程 $H'_沟 = -1.700\text{m}$，二层地面相对高程为 $H'_{二层} = +2.900\text{m}$。

（1）已知相对高程来计算绝对高程

$$H_P = H'_P + H_0$$

式中　H_P——某一点（P）的绝对高程；

　　　H'_P——P 点的相对高程；

　　　H_0——建筑物 ±0.000 的绝对高程。

（2）已知绝对高程来计算相对高程

$$H'_P = H_P - H_0$$

式中符号意义同上。

4. 高差（h）

高差指两点间的调和差。若地面上 A 点与 B 点的高程 $H_A = 44\text{m}$（$H'_A = 24\text{m}$）与 $H_B = 78\text{m}$（$H'_B = 58\text{m}$）均已知，则 B 点对 A 点的高差

$$h_{AB} = H_B - H_A = 78\text{m} - 44\text{m} = 34\text{m}$$

$$h_{AB} = H'_B - H'_A = 58\text{m} - 24\text{m} = 34\text{m}$$

h_{AB} 的符号为正时，表示 B 点高于 A 点；符号为负时，表示 B 点低于 A 点。

5. 坡度（i）

坡度指一条直线或一个平面的倾斜程度，一般用 i 表示。水平线或水平面的坡度等于零（$i = 0$），向上倾斜叫升坡（ + ）、向下倾斜叫降坡（ - ）。在建筑工程中，如屋面、厕浴间、阳台地面、室外散水等均需要有一定的坡度，以便排水。在市政工程中，如各种地下管线，尤其是一些无压管线（如雨水和污水管道），均要有一定坡落，各种道路在中线方向要有纵向坡度，在垂直中线方向上还要有横向坡度，各种广场与农田均要有不同方向的坡度，以便排水与灌溉。

如图 1-16 所示，AB 两点间的高差 h_{AB} 除以 AB 两点间的水平距离 D_{AB} 即为坡度，即 AB 斜线倾斜角（θ）的正切（$\tan\theta$），一般用百分率（%）表示

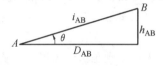

图 1-16　高差与坡度

$$i_{AB} = \tan\theta = \frac{H_B - H_A}{D_{AB}} = \frac{h_{AB}}{D_{AB}}$$

三、距离测量

根据不同的精度要求，距离测量有普通量距和精密量距两种方法。精密量距时所量长度一般都要加尺长、温度和高差三项改正数，有时必须考虑垂曲改正。测量两已知点间的距离，使用的主要工具是钢卷尺，精度要求较低的量距工作，也可使用皮尺或测绳。

1. 普通量距

先用经纬仪或以目估进行定线。如地面平坦，可按整尺长度逐步测量，直至最后量出两点间的距离。若地面起伏不平，可将尺子悬空并目估使其水平。以垂球或测钎对准地面点或向地面投点，测出其距离。地面坡度较大时，则可把一整尺段的距离分成几段测量；也可沿斜坡测量斜距，再用水准仪测出尺端间的高差，然后求出高差改正数，将倾斜距离改化成水平距离。

2. 精密量距

用经纬仪进行直线方向按尺段（即钢尺检定时的整长）测量距

离。当全段距离量完之后按同法进行返测，往返测量一次为一测回，一般应测量二测回以上。量距精度以两测回的差数与距离之比表示。使用普通钢直尺进行精密量距，其相对误差一般可达 1/50000 以上。

四、测量误差

1. 测量误差基本概念

测量工作是由人在一定的环境和条件下，使用测量仪器设备以及测量工具，按一定的测量方法进行的，其测量的成果自然要受到人、仪器设备、作业环境以及测量方法的影响。在测量过程中，不论人的操作多么仔细、仪器设备多么精密、测量方法多么周密，总会受到其自身的具体条件限制，同时其作业环境也会发生一些无法避免的变化。所以，测量成果总会存在差异，也就是说，测量成果中总会存在着测量误差。比如，对某一段距离往返测量若干次，或对某一角度正倒镜反复进行观测，每次测量的结果往往不一致，这都说明测量误差的存在。但应注意，测量误差与发生粗差（错误）是性质不同的，粗差的出现是由于操作错误或粗心大意造成的，它的大小往往超出正常的测量误差的范围，它又是可以避免的。测量理论上研究的测量误差不包括粗差。

2. 测量误差产生的原因

测量误差产生的原因一般有以下几个方面：

（1）人的因素。由于人的感觉器官的鉴别能力是有限的，受此限制，人在安置仪器、照准目标及读数等几方面会产生测量误差。

（2）仪器设备及工具的因素。由于仪器制造和校正不可能十分完善，允许有一定的误差范围，使用仪器设备及工具进行测量，会产生正常的测量误差。

（3）外界条件的因素。在测量过程中，由于外界条件（如温度、湿度、风力、气压、光线等）不断发生变化，也会对测量值带来测量误差。

根据以上情况，可以说明测量误差的产生是不可避免的，任何一个观测值都会包含有测量误差。因此测量工作不仅要得到观测成果，而且还要研究测量成果所具有的精度，测量成果的精度是由测量误差的大小来衡量的。测量误差越大，反映出测量精度越低；反之，误差越小，精度越高。所以，在测量工作中，必须对测量误差进行研究，对不同的误差采取不同的措施，最终达到消除或减少误差对测量成果的影响，提高和保证测量成果的精度。

3. 测量误差的分类

测量误差按其性质可分为系统误差和偶然误差两类。

（1）系统误差。在相同的观测条件下，对某量进行一系列的观测，如果测量误差的数值大小和符号保持相同，或按一定规律变化，这种误差称为系统误差。产生系统误差的主要原因是测量仪器和工具的构造不完善或校正不完全准确。例如，一条钢卷尺名义长度为30m，与标准长度比较，其实际长度为29.995m。用此钢卷尺进行量距时，每量一整尺，就会比实际长度长出0.005m，这个误差的大小和符号是固定的，就是属于系统误差。

系统误差具有积累性，对测量的成果精度影响很大，但由于它的数值的大小和符号有一定的规律，所以，它可以通过计算改正或用一定的观测程序和观测方法进行消除。例如，在用钢卷尺量距时，可以先通过计算改正进行钢卷尺检定，求出钢卷尺的尺长改正数，然后再在计算时对所量的距离进行尺长改正，消除尺长误差的影响。

（2）偶然误差。在相同的观测条件下，对某量进行一系列的观测，如果观测误差的数值的大小和符号都不一定相同，从表面上看没有什么规律性，但就大量误差的总体而言，又具有一定的统计规律性。这种误差称为偶然误差。例如，使用测距仪测量一条边时，其每一次测量结果往往会因为温度、气压变化以及仪器本身测距精度影响而出现差异，这个差值的大小和符号不同，但大量统计差值又会发现此差值不会超出一个较小的范围。而且相对于其平均值而言，其正负差值出现的次数接近相等，这个误差就是偶然误差。

偶然误差的产生，是由人、仪器和外界条件等多方面因素引起的，它随着各种偶然因素综合影响而不断变化。对于这些在不断变化的条件下所产生的大小不等、符号不同但又不可避免的小的误差，找不到一个能完全消除它的方法。因此可以说，在一切测量结果中都不可避免地包含有偶然误差。一般来说，测量过程中偶然误差和系统误差同时发生，而系统误差在一般情况下可以也必须采取适当的方法加以消除或减弱，使其减弱到与偶然误差相比处于次要的地位。这样就可以认为，在观测成果中主要存在偶然误差。我们在测量学科中所讨论的测量误差一般就是指偶然误差。

偶然误差从表面上看没有什么规律，但就大量误差的总体来讲，则具有一定的统计规律，并且观测值数量越大，其规律性就越明显。人们通过反复实践，统计和研究了大量的各种观测的结果，总结出偶然误差具有以下的特性：

1）在一定的观测条件下，偶然误差的绝对值不会超过一定的范围。

2）绝对值小的误差比绝对值大的误差出现的概率多。

3）绝对值相等的正误差和负误差出现的概率相等。

4）偶然误差的算术平均值随着观测次数的无限增加而趋于零，即

$$\lim_{n \to \infty} \frac{[\Delta]}{n} = 0 \tag{1-1}$$

式中　　n——观测次数；

　　$[\Delta]$——等于 $\Delta_1 + \Delta_2 + \cdots + \Delta_i + \cdots + \Delta_n$；

　　Δ_i——第 i 次观测的偶然误差。

根据偶然误差的特性可知，当对某量有足够多的观测次数时，其正的误差和负的误差可以互相抵消。因此，我们可以采用多次观测，最后计算取观测结果的算术平均值，作为最终观测结果。

4. 衡量误差的标准

（1）标准差与中误差。设对某真值 l 进行了 n 次等精度独立观测，得观测值 l_1、l_2、$\cdots$、l_n，各观测量的直误差为 Δ_1、Δ_2、$\cdots \Delta_n$（$\Delta_i = l_i - l$），可以求得该组观测值的标准差为

$$\sigma = \pm \lim_{n \to \infty} \sqrt{\frac{[\Delta\Delta]}{n}} \tag{1-2}$$

在测量生产实践中，观测次数 n 总是有限的，这时，根据式（1-2）只能求出标准差的估计值 $\hat{\sigma}$，通常又称 $\hat{\sigma}$ 为中误差，用 m 表示，即有

$$\hat{\sigma} = m = \pm \sqrt{\frac{[\Delta\Delta]}{n}} \tag{1-3}$$

【例 1-1】 某段距离使用因瓦基线尺测量的长度为 49.984m。因测量的精度很高，可以视为真值。现使用 50m 钢卷尺测量该距离 6 次，观测值列于表 1-6，试求该钢卷尺一次测量 50m 的中误差。

解： 因为是等精度独立观测，所以 6 次距离观测值的中误差均为 ±5.02mm。

表 1-6 观测值

观测次序	观测值/m	Δ/mm	ΔΔ	计　　算
1	49.988	+4	16	
2	49.975	−9	81	$m = \pm\sqrt{\dfrac{[\Delta\Delta]}{n}}$
3	49.981	−3	9	
4	49.978	−6	36	$= \pm\sqrt{\dfrac{151}{6}}$
5	49.987	+3	9	
6	49.984	0	0	$= \pm 5.02\text{mm}$
Σ			151	

（2）相对误差。相对误差是专为距离测量定义的精度指标，因为单纯用距离测量中误差还不能反映距离测量的精度情况。例如，在例 1-1 中，用 50m 钢卷尺测量一段约 50m 的距离，其测量中误差为 ±5.02mm。如果使用另一种量距工具测量 100m 的距离，其测量中误差仍然等于 ±5.02mm，显然不能认为这两段不同长度的距离测量精度相等，这就需要引入相对误差。相对误差的定义为

$$K = \frac{|m_D|}{D} = \frac{1}{\dfrac{D}{|m_D|}} \tag{1-4}$$

相对误差是一个无单位的数，在计算距离的相对误差时，应注意将分子和分母的长度单位统一。通常，习惯于将相对误差的分子化为 1，分母为一个较大的数来表示。分母越大，相对误差越小，距离测量的精度就越高。依据式（1-4），可以求得上述所述两段距离的相对误差分别为

$$K_1 = \frac{0.00502}{49.982} \approx \frac{1}{9956}$$

$$K_2 = \frac{0.00502}{100} \approx \frac{1}{19920}$$

结果表明，后者的精度比前者的高。距离测量中，常用同一段距离往返测量结果的相对误差来检核距离测量的内部符合精度，计算公式为

$$\frac{|D_{往} - D_{返}|}{D_{平均}} = \frac{|\Delta D|}{D_{平均}} = \frac{1}{\dfrac{D_{平均}}{|\Delta D|}} \tag{1-5}$$

（3）极限误差。极限误差是通过概率论中某一事件发生的概率来定义的。设 ξ 为任一正实数，则事件 $|\Delta| < \xi$ 发生的概率为

$$P(|\Delta| < \xi\sigma) = \int_{-\xi\sigma}^{+\xi\sigma} \frac{1}{\sqrt{2\pi}\sigma} e^{-\frac{\Delta^2}{2\sigma^2}} d\Delta \tag{1-6}$$

令 $\Delta' = \dfrac{\Delta}{\sigma}$，则式（1-6）变成

$$P(|\Delta| < \xi) = \int_{-\xi}^{+\xi} \frac{1}{\sqrt{2\pi}} e^{-\frac{\Delta'^2}{2}} d\Delta' \tag{1-7}$$

因此，事件 $|\Delta| = \xi\sigma$ 发生的概率为 $1 - P(|\Delta| < \xi)$。

下面的 fx – 5800P 程序 P6-3 能自动计算 $1 - P(|\Delta| < \xi)$ 的值。

程序名：P6-3

Fix 3 ↵   设置固定小数显示格式位数

Lbl0:"LOWER = "? A：UPPER = "? B ↵

        输入标准正态分布函数积分的上、下限

        计算标准正态分布函数的数值积分

$1 - \int(1 \div (2\pi) \times e^\wedge(-X^2 \div), A, B) \to Q$

↵

        显示计算结果

"1 – P（%）=": 100Q ◣

Goto 0

运行程序 P6-3，输入 LOWER = – 1，UPPER = 1，计算结果为 $1 - P(|\Delta'| < 1) = 31.73\%$；按 EXE 键继续，输入 LOWER =

-2，UPPER $=2$，计算结果为 $1-P$（$|\Delta'|<2$）$=4.55\%$；按 $\boxed{\text{EXE}}$ 键继续，输入 LOWER $=-3$，UPPER $=3$，计算结果为 $1-P$（$|\Delta'|<3$）$=0.27\%$。

上述计算结果表明，真误差的绝对值大于 1 倍 σ 的占 31.73%；真误差的绝对值大于 2 倍 σ 的占 4.55%，即 100 个真误差中，只有 4.55 个真误差的绝对值可能超过 2σ。而大于 3 倍 σ 的仅仅占 0.27%，即 1000 个真误差中，只有 2.7 个真误差的绝对值可能超过 3σ。后两者都属于小概率事件，根据概率原理，小概率事件在小样本中是不会发生的。即当观测次数有限时，绝对值大于 2σ 或 3σ 的真误差实际上是不可能出现的。因此，测量规范常以 2σ 或 3σ 作为真误差的允许值，该允许值称为极限误差，简称为限差。

$$|\Delta_{极限}|=2\sigma\approx2m \quad 或 \quad |\Delta_{极限}|=3\sigma\approx3m$$

当某观测值的误差大于上述限差时，则认为它含有系统误差，应剔除它。

5. 误差传播定律及应用

（1）误差传播定律。在实际测量工作中，某些我们需要的量并不是直接观测值，而是通过其他观测值间接求得的，这些量称为间接观测值。各变量的观测值中误差与其函数的中误差之间的关系式，称为误差传播定律。一般函数的误差传播定律为：一般函数中误差的平方，等于该函数对每个观测值取偏导数与其对应观测值中误差乘积的平方之和。利用它，就可以导出表 1-7 的简单函数的误差传播定律。

表 1-7 简单函数的误差传播定律

函数名称	函数式	中误差传播公式
倍数函数	$Z=KX$	$m_Z=\pm Km$
和差函数	$Z=X_1\pm X_2\pm\cdots\pm X_n$	$m_Z=\pm\sqrt{m_1^2+m_2^2+\cdots+m_n^2}$
线性函数	$Z=K_1X_1\pm K_2X_2\pm\cdots\pm K_nX_n$	$m_Z=\pm\sqrt{K_1^2m_1^2+K_2^2m_2^2+\cdots+K_1^2m_n^2}$

注：m_Z 表示函数中误差，m_1、m_2、$\cdots$、m_n 分别表示各观测值的中误差。

（2）算术平均值及其中误差

1）算术平均值。设在相同的观测条件下，对任一未知量进行了 n 次观测，得观测值 L_1、L_2、$\cdots$、L_n，则该量的最可靠值就是算术平

均值 x，即

$$x = \frac{[L]}{n} \qquad (1-8)$$

算术平均值就是最可靠值的原理。根据观测值真误差的计算式和偶然误差的特性，可以分析得出

$$X = \lim_{n \to \infty} \frac{[L]}{n} \text{即} \quad \lim_{n \to \infty} x = X \qquad (1-9)$$

式中　X——该量的真值。

由式（1-9）可知，当观测次数 n 趋于无限多时，算术平均值就是该量的真值。但实际工作中，观测次数总是有限的，这样算术平均值不等于真值。但它与所有观测值比较，都更接近于真值。因此，可认为算术平均值是该量的最可靠值，故又称为最或然值。

2）用观测值的改正数计算中误差。前面已经给出了用真误差求一次观测值中误差的公式，但测量的真误差只有在真值为已知时才能确定，而未知量的真值往往是不知道的，无法用其来衡量观测值的精度。因此，在实际工作中，是用算术平均值与观测值之差，即观测值的改正数或最或然误差来计算出中误差的。根据改正数和真误差的关系以及中误差的定义与偶然误差的特性。可以推导出利用观测值的改正数计算中误差的公式为

$$m = \pm \sqrt{\frac{[vv]}{n-1}} \qquad (1-10)$$

式中　m——观测值中误差；
　　　v——观测值的改正数；
　　　n——观测次数。

3）算术平均值的中误差。根据上述用改正数计算中误差的公式和误差传播定律，可以推算出算术平均值的中误差计算公式为

$$M = \frac{m}{\sqrt{n}} = \sqrt{\frac{[vv]}{n(n-1)}} \qquad (1-11)$$

式中　M——算术平均值中误差；
　　　m——观测值中误差；
　　　v——观测值的改正数；

n——观测次数。

算术平均值及其中误差，是根据观测值误差以及中误差的基本概念和误差传播定律推算而来的，它在测量实际工作中应用十分广泛，在实际工作中对同一观测对象进行多次观测以提高观测值精度，这是人们已经习惯地应用这一概念的体现。

（3）误差传播定律应用。误差传播定律在测绘领域应用十分广泛，利用它不仅可以求得观测值函数的中误差，而且还可以确定极限误差值以及分析观测可能达到的精度。测量规范中误差指标的确定，一般也是根据误差来源分析和使用误差传播定律推导而来的。

6. 等精度直接观测值的最可靠值

设对某未知量进行了一组等精度观测，其真值为 X，观测值分别为 l_1、l_2、$\cdots$、l_n，相应的真误差为 Δ_1、Δ_2、$\cdots$、Δ_n，则

$$\begin{cases} \Delta_1 = l_1 - X \\ \Delta_2 = l_2 - X \\ \cdots\cdots \\ \Delta_n = l_n - X \end{cases}$$

将上式取和再除以观测次数 n，得

$$\frac{[\Delta]}{n} = \frac{[l]}{n} - X = L - X$$

式中，L 为算术平均值。

显然

$$L = \frac{[l]}{n} = \frac{[\Delta]}{n} + X$$

则有

$$\lim_{n \to \infty} L = \lim_{n \to \infty} \left(\frac{[\Delta]}{n} + X \right)$$

$$= \lim_{n \to \infty} \frac{[\Delta]}{n} + X$$

根据偶然误差的第四个特性，有

$$\lim_{n \to \infty} \frac{[\Delta]}{n} = 0$$

则

$$\lim_{n \to \infty} L = X$$

从上式可以看出，当观测次数 n 趋于无穷大时，算术平均值就趋

向于未知量的真值。当 n 为有限值时，通常取算术平均值为最可靠值，作为未知量的最后结果。

根据式（1-10）计算中误差 m，需要知道观测值 l_i 的真误差 Δ_i，但是，真误差往往是不知道的。在实际应用中，多利用观测值的改正数 v_i 来计算中误差。由 v_i 及 Δ_i 的定义知

$$\begin{cases} v_1 = L - l_1 \\ v_2 = L - l_2 \\ \cdots\cdots \\ v_n = L - l_n \end{cases}$$

$$\begin{cases} \Delta_1 = l_1 - X \\ \Delta_2 = l_2 - X \\ \cdots\cdots \\ \Delta_n = l_n - X \end{cases}$$

将上两组式对应相加

$$\begin{cases} \Delta_1 + v_1 = L - X \\ \Delta_2 + v_2 = L - X \\ \cdots\cdots \\ \Delta_n + v_n = L - X \end{cases}$$

设 $L - X = \delta$ 代入上式，并移项后得

$$\begin{cases} \Delta_1 = -v_1 + \delta \\ \Delta_2 = -v_2 + \delta \\ \cdots\cdots \\ \Delta_n = -v_n + \delta \end{cases}$$

上组式中各式分别自乘，然后求和

$$[\Delta\Delta] = [vv] - 2[v]\delta + n\delta^2$$

显然

$$[v] = \sum_{i=1}^{n}(L - L_i) = nL - [l] = 0$$

故有

$$[\Delta\Delta] = [vv] + n\delta^2$$

即

$$\frac{[\Delta\Delta]}{n} = \frac{[vv]}{n} + \delta^2 \tag{1-12}$$

但是 $\delta = L - X = \dfrac{[l]}{n} - X = \dfrac{[l-X]}{n} = \dfrac{[\Delta]}{n}$

故

$$\delta^2 = \frac{[\Delta]^2}{n^2} = \frac{1}{n^2}(\Delta_1^2 + \Delta_2^2 + \cdots + \Delta_n^2 + 2\Delta_1\Delta_2 + 2\Delta_1\Delta_3 + \cdots)$$

$$= \frac{[\Delta\Delta]}{n^2} + \frac{2}{n^2}(\Delta_1\Delta_2 + \Delta_1\Delta_3 + \cdots)$$

由于 Δ_1、Δ_2、$\cdots$、Δ_n 是彼此独立的偶然误差，故 $\Delta_1\Delta_2$、$\Delta_1\Delta_3$、$\cdots$也具有偶然误差的性质。当 $n \to \infty$ 时，上式等号右边第二项应趋近于零；当 n 为较大的有限值时，其值远比第一项小，故可忽略不计。于是，式（1-8）变为

$$\frac{[\Delta\Delta]}{n} = \frac{[vv]}{n} + \frac{[\Delta\Delta]}{n^2}$$

根据中误差的定义，上式可写为

$$m^2 = \frac{[vv]}{n} + \frac{m^2}{n}$$

即 $$m = \pm\sqrt{\frac{[vv]}{(n-1)}} \qquad (1-13)$$

式（1-13）即为利用观测值的改正数 v_i 计算中误差的公式，称为白塞尔公式。

【例1-2】 设用经纬仪测量某个角度 6 测回，观测值列于表 1-8 中，试求观测值中的误差及算术平均值的中误差。

表1-8 观测值

观测次序	观测值	v	vv	计　算
1	36°50′30″	−4″	16	$m = \pm\sqrt{\dfrac{[vv]}{n-1}}$
2	26	0	0	
3	28	−2	4	
4	24	+2	4	$= \pm\sqrt{\dfrac{34}{6-1}}$
5	25	+1	1	
6	23	+3	9	$= \pm 2.6″$
	$L = 36°50′26″$	$[v] = 0$	$[vv] = 34$	

解：算术平均值 L 的中误差根据公式（1-11），有

$$M = \frac{m}{\sqrt{n}} = \pm \sqrt{\frac{[vv]}{n(n-1)}} = \pm \sqrt{\frac{34}{6(6-1)}} = \pm 1.1''$$

注意，在以上计算中 $m = \pm 2.6''$ 为观测值的中误差，$M = \pm 1.1''$ 为算术平均值的中误差。最后，结果及其精度可写为

$$L = 36°50'26'' \pm 1.1''$$

一般的袖珍计算器都具有统计计算功能（STAT），能很方便地进行上述计算（计算方法可参考计算器的说明书）。

由于算术平均值的中误差 M 为观测值中误差 m 的 $\frac{1}{\sqrt{n}}$ 倍，因此增加观测次数可以提高算术平均值的精度。例如，设观测值的中误差 $m = 1$ 时，算术平均值的中误差 M 与观测次数 n 的关系如图 1-17 所示。由该图可以看出，当 n 增加时，M 减小。但当观测次数达到一定数值后

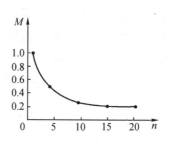

图 1-17　中误差与观测次数的关系

（例如 $n = 10$），再增加观测次数，工作量增加，但提高精度的效果就不太明显了。故不能单纯以增加观测次数来提高测量成果的精度，还应设法提高观测值本身的精度。例如，采用精度较高的仪器、提高观测技能、在良好的外界条件下进行观测等。

五、常用测量单位与换算

1. 角度单位及换算

测量常用的角度的法定计量单位的换算关系，见表 1-9。

表 1-9　测量常用的角度的法定计量单位的换算关系

六十进制	弧度制
1 圆周 = 360°	1 圆周 = 2π 弧度
1° = 60′	1 弧度 = 180°/π = 57.29577951° = ρ°
1′ = 60″	= 3438′ = e'
	= 206265″ = ρ''

2. 长度单位及换算

测量常用的长度的法定计量单位的换算关系，见表 1-10。

表 1-10　测量常用的长度的法定计算单位的换算关系

公制	英制
1km = 1000m 1m = 10dm 　 = 100cm 　 = 1000mm	1 英里(mile, 简写 mi) 1 英尺(foot, 简写 ft) 1 英寸(inch, 简写 in) 1km = 0. 6214mi 　 = 3280. 8ft 1m = 3. 2808ft 　 = 39. 37in

3. 面积单位及换算

测量常用的面积的法定计量单位的换算关系, 见表 1-11。

表 1-11　测量常用的面积的法定计量单位的换算关系

公制	市制	英制
$1km^2 = 1 \times 10^6 m^2$ $1m^2 = 100dm^2$ 　 $= 1 \times 10^4 cm^2$ 　 $= 1 \times 10^6 mm^2$	$1km^2 = 1500$ 亩 $1m^2 = 0. 0015$ 亩 1 亩 $= 666. 6666667m^2$ 　 $= 0. 06666667$ 公顷 　 $= 0. 1647$ 英亩	$1km^2 = 247. 11$ 英亩 　 $= 100$ 公顷 $10000m^2 = 1$ 公顷 $1m^2 = 10. 764ft^2$ $1cm^2 = 0. 1550in^2$

第三节　施工测量放线的基本方法

施工测量放线的基本工作包括水平角、水平距离、高程和坡度的测设。

一、水平角测设的方法

水平角测设的任务是, 根据地面已有的一个已知方向, 将设计角度的另一个方向测设到地面上。水平角测设的仪器是经纬仪或全站仪。

1. 正倒镜分中法

如图 1-18a 所示, 设地面上已有 AB 方向, 要在 A 点以 AB 为起始方向, 向右测设出设计的水平角 β。将经纬仪安置在 A 点后的操作步骤如下:

(1) 盘左瞄准 B 点, 读取水平度盘读数为 L_B; 松开水平制动螺旋, 顺时针旋转照准部, 当水平度盘读数约为 $L_B + \beta$ 时, 制动照准部，旋转水平微动螺旋，使水平度盘读数准确地对准 $L_B + \beta$，在视线方向定出 C' 点。

（2）倒转望远镜为盘右位置，用与上述同样的操作方法在视线方向定出点 C''，取 C'、C'' 的中点 C，则 $\angle BAC$ 即为要测设的 β 角。

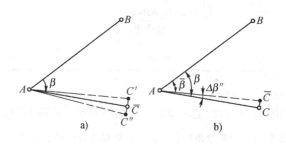

图 1-18 水平角的测设方法

a）正倒镜分中法 b）多测回修正法

2. 多测回修正法

仍以图 1-18 的角度测设为例介绍。

先用正倒镜分中法测设出 C 点，再用测回法观测 $\angle BAC$ 2～3 测回，设角度观测的平均值为 $\bar{\beta}$，则其与设计值 β 的差为 $\Delta\beta'' = \beta - \bar{\beta}$（以秒为单位），如果 A 点至 $\bar{C}$ 点的水平距离为 D，则 $\bar{C}$ 点偏离正确点位 C 的弦长约为

$$C\bar{C} \approx D\frac{\Delta\beta''}{\rho''} \tag{1-14}$$

式（1-14）中，$\rho'' = 206265$。

如图 1-18b 所示，假设求得 $\Delta\beta'' = -12''$，$D = 123.456$m，则 $C\bar{C} = 7.2$mm。$\Delta\beta'' = -12'' < 0$，说明测设的 $\bar{\beta}$ 角比设计角 β 小。使用小三角板，从 $\bar{C}$ 点沿垂直于 $A\bar{C}$ 方向向背离 B 的方向量 7.2mm，定出 C 点。

二、水平距离测设的方法

水平距离测设的任务是，将设计距离测设在上述已测设的方向上。水平距离测设的工具和仪器是钢卷尺、测距仪或全站仪。

1. 钢卷尺法

钢卷尺法一般只宜用于测设长度小于一个整尺段的水平距离，根据量距精度的要求常选择一般量距法。

2. 测距仪法

如图 1-19 所示，需要在倾斜坡面上测设一段水平距离 D。在 A 点安置测距仪，在 AC 方向测设距离 D'，应使距离 D' 加气象改正与倾斜改正后的距离等于设计水平距离 D。

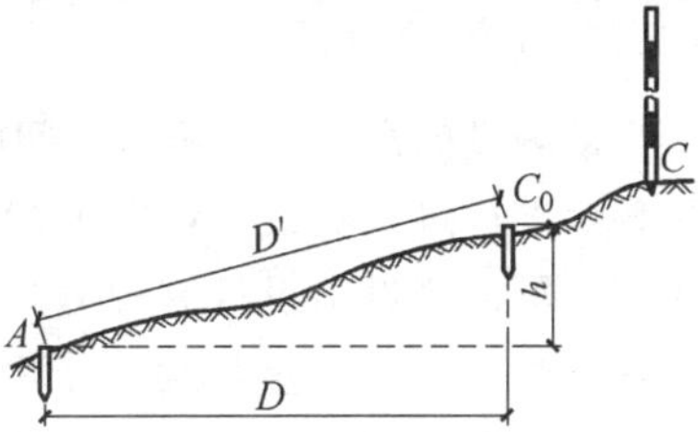

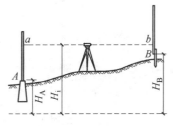

图 1-19 水平距离的测设方法

3. 全站仪法

使用全站仪放样功能可以同时测设点的三维坐标 x、y、H。

三、高程测设的方法

高程测设的任务是，将设计高程测设在指定桩位上。高程测设主要在平整场地、开挖基坑、定路线坡度和定桥台桥墩的设计标高等场合使用。高程测设的方法有水准测量法和全站仪三角高程测量法，水准测量法一般采用视线高程法进行。

如图 1-20 所示，已知水准点 A 的高程为 $H_A = 12.345\text{m}$，欲在 B 点测设出某建筑物的室内地坪高程（建筑物的 ± 0.000）为 $H_B = 13.016\text{m}$。将水准仪安置在 A、B 两点的中间位置，在 A 点竖立水准尺，读取 A 尺上的读数，设为 $a = 1.358\text{m}$，则水准仪的视线高程应为

图 1-20 视线高程法测设高程

$$H_i = H_A + a = 12.345\text{m} + 1.358\text{m} = 13.703\text{m}$$

在 B 点竖立水准尺，设水准仪瞄准 B 尺的读数为 b，则 b 应满足方程 $H_B = H_i - b$，由此求出 b 为

$$b = H_i - H_B = 13.703\text{m} - 13.016\text{m} = 0.687\text{m}$$

用逐渐打入木桩或在木桩一侧画线的方法，使立在 B 点桩位上的水准尺读数为 0.687m。此时，B 点的高程就等于欲测设的高程 13.016m。

在建筑设计图纸中，建筑物各构件的高程都是参照室内地坪为零高程面标注的，即建筑物内的高程系统是相对高程系统，基准面为室内地坪标高。

当欲测设的高程与水准点之间的高差很大时，可以用悬挂钢卷尺来代替水准尺进行测设。如图 1-21 所示，水准点 A 的高程已知，为了在深基坑内测设出设计高程 H_B，在深基坑一侧悬挂钢卷尺（尺的零端在下端，挂一个重量约等于钢卷尺检定时拉力的重锤）代替一根水准尺。在地面上的图示位置安置水准仪，读出 A 点水准尺上的读数为 a_1，钢卷尺上的读数为 b_1；将水准仪移至基坑内安置在图示位置，读出钢卷尺上的读数为 a_2，假设 B 点水准尺上的读数为 b_2，则应有下列方程成立

$$H_B - H_A = h_{AB} = (a_1 - b_1) + (a_2 - b_2) \tag{1-15}$$

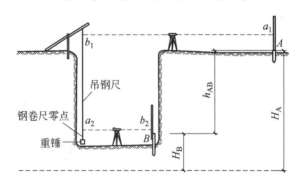

图 1-21　测设深基坑内的高程

由此解出 b_2 为

$$b_2 = a_2 + (a_1 - b_1) - h_{AB} \tag{1-16}$$

用逐渐打入木桩或在木桩一侧画线的方法，使立在 B 点桩位上的水准尺读数等于 b_2。此时，B 点的高程就等于欲测设的高程 H_B。

四、坡度测设的方法

在修筑道路，敷设上、下水管道和开挖排水沟等工程的施工中，需要在地面上测设设计的坡度线。坡度测设所用仪器有水准仪、经纬仪与全站仪。

如图 1-22 所示，设地面上 A 点的高程为 H_A，现要从 A 点沿 AB

方向测设出一条坡度为 i 的直线，AB 间的水平距离为 D。使用水准仪测设的方法如下：

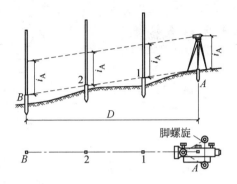

图 1-22　使用水准仪测设坡度

（1）计算出 B 点的设计高程为 $H_B = H_A - iD$，应用水平距离和高程测设方法测设出 B 点。

（2）在 A 点安置水准仪，使一个脚螺旋在 AB 方向线上，另两个脚螺旋的连线垂直于 AB 方向线，量取水准仪高 i_A，用望远镜瞄准 B 点上的水准尺，旋转 AB 方向上的脚螺旋，使视线倾斜至水准尺读数为仪器高 i_A 为止，此时仪器视线坡度即为 i。在 AB 方向线上测设的中间点 1、2 处打木桩，在桩顶上立水准尺，使其读数均等于仪器高 i_A，这样各桩顶的连线就是测设在地面上的设计坡度线。

当设计坡度 i 较大，超出了水准仪脚螺旋的最大调节范围时，应使用经纬仪进行测设，方法同上。当使用电子经纬仪或全站仪测设时，可以将其竖盘显示单位切换为坡度单位，直接将望远镜视线的坡度值调整到设计坡度值 i 即可，不需要先测设出 B 点的平面位置和高程。

第四节　测设点位的基本方法

测设点的平面位置的方法主要有下列几种，可根据施工控制网的形式、控制点的分布情况、地形情况、现场条件及待建建筑物的测设精度要求等进行选择。

一、直角坐标法

当建筑物附近已在彼此垂直的主轴线上时，可采用此法。

如图 1-23 所示，OA、OB 为两条互相垂直的主轴线，建筑物两个轴线 MQ、PQ 分别与 OA、OB 平行。设计总平面图中已给定车间的四个角点 M、N、P、Q 的坐标，现以 M 点为例，介绍其测设方法。

设 O 点坐标 $x_0 = 0$、$y_0 = 0$，M 点的坐标 x、y 已知。先在 O 点上安置经纬仪，瞄准 A 点，沿 OA 方向从

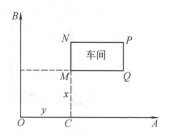

图 1-23　直角坐标法图示

O 点向 A 测设距离 y 得 C 点；然后将仪器搬至 C 点，仍瞄准 A 点，向左测设 90°角，沿此方向从 C 点测设距离 x 即得 M 点，并沿此方向测设出 N 点。同法测设出 P 点和 Q 点。最后应检查建筑物的四角是否等于 90°，各边是否等于设计长度，误差在允许范围之内即可。

上述方法计算简单、施测方便、精度较高，是应用较广泛的一种方法。

二、极坐标法

极坐标法是根据水平角和距离测设点的平面位置。适用于测设距离较短，且便于量距的情况。

图 1-24 中 A、B 是某建筑物轴线的两个端点，附近有测量控制点 1、2、3、4、5，用下列公式可计算测设数据 β_1、β_2 和 D_1、D_2。

设 α_{2A}、α_{23}、α_{43} 表示相应直线的坐标方位角；控制点 1、2、3、4 和轴线端点 A、B 的坐标均为已知，则

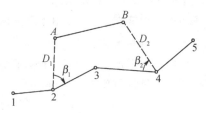

图 1-24　极坐标法图示

$$\alpha_{2A} = \arctan = \frac{Y_A - Y_2}{X_A - X_2}$$

$$\alpha_{4B} = \arctan = \frac{Y_B - Y_4}{X_B - X_4}$$

$$\beta_1 = \alpha_{23} - \alpha_{2A}$$

$$\beta_2 = \alpha_{4B} - \alpha_{43}$$

$$D_1 = \frac{Y_A - Y_2}{\sin\alpha_{2A}} = \frac{X_A - X_2}{\cos\alpha_{2A}}$$

$$D_2 = \frac{Y_B - Y_4}{\sin\alpha_{4B}} = \frac{X_B - X_4}{\cos\alpha_{4B}}$$

根据上式计算的 β 和 D，即可进行轴线端点的测设。

测设 A 点时，在点 2 安置经纬仪，先测设出 β_1 角，在 $2A$ 方向线上用钢卷尺测设 D_1，即得 A 点；再搬仪器至点 4，用同法定出 B 点。最后测量 AB 的距离，应与设计的长度一致，以资检核。

如果使用电子速测仪测设 A、B 点的平面位置（图 1-24），则非常方便，因它不受测设长度的限制，测法如下：

（1）把电子速测仪安置在 2 点，置水平度盘读数为 $0°00'00''$，并瞄准 3 点。

（2）人工输入 A 点的设计坐标和控制点 2、3 的坐标，就能自动计算出放样数据（水平角 β_1 和水平距离 D_1）。

（3）照准部转动一已知角度 β_1，并沿视线方向，由观测者指挥持镜者在 $2A$ 方向上前后移动棱镜位置，当显示屏上显示的数值正好等于放样值 D 时，指挥持镜者定点，即得 A 点。

（4）把棱镜安置在 A 点，再实测 $2A$ 的水平距离，以资检核。

（5）同法，将电子速测仪移至 4 点，测设 B 点的平面位置。

（6）实测 AB 的水平距离，它应等于 AB 轴线的长度，以资检核。

三、角度交会法

此法又称方向线交会法。当待测设点远离控制点且不便量距时，采用此法较为适宜。

如图 1-25 所示，根据 P 点的设计坐标及控制点 A、B、C 的坐标，首先算出测设数据 β_1、γ_1，β_2、γ_2 角值。然后将经纬仪安置在 A、B、C 三个控制点上测设 β_1、γ_1、β_2、γ_2 各角。并且分别沿 AP、BP、CP 方向线，在 P 点附近各打两个小木桩，桩顶上钉上小钉，以

表示 AP、BP、CP 的方向线。将各方向的两个方向桩上的小钉用细线绳拉紧，即可得出 AP、BP、CP 三个方向的交点，此点即为所求的 P 点。

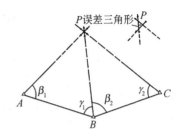

图 1-25　角度交会法图示

由于测设误差，若三条方向线不交于一点时，会出现一个很小的三角形，称为误差三角形。当误差三角形边长在允许范围内时，可取误差三角形的重心作为 P 点的点位。如超限，则应重新交会。

四、距离交会法

距离交会法是根据两段已知距离交会出点的平面位置。如建筑场地平坦，量距方便，且控制点离测设点又不超过一整尺的长度时，用此法比较适宜。在施工中的细部位置测设常用此法。

具体做法如图 1-26 所示，设 A、B 是设计管道的两个转折点，从设计图纸上求得 A、B 点距附近控制点的距离为 D_1、D_2、D_3、D_4。用钢卷尺分别从控制点 1、2 量取 D_1、D_2，其交点即

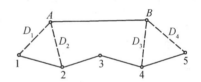

图 1-26　距离交会法图示

为 A 点的位置。同法定出 B 点。为了检核，还应将 AB 长度与设计长度进行比较，其误差应在允许范围之内。

第 二 章

▶▶▶

测量员岗位主要工作

第一节　测量岗位工作基本内容

一、施工测量工作要求

1. 施工测量基本内容

施工测量的目的是把设计的建筑物、构筑物的平面位置和高程，按设计要求，以一定的精度测设在地面上，作为施工的依据，并在施工过程中进行一系列的测量工作，以衔接和指导各工序间的施工。

建筑工程的施工测量主要包括工程定位测量、基槽放线、楼层平面放线、楼层标高抄测、建筑物垂直度及标高测量、变形观测等。

施工测量贯穿于整个施工过程中。从场地平整、建筑物定位、基础施工，到建筑物构件的安装等，都需要进行施工测量，才能使建筑物、构筑物各部分的尺寸、位置符合设计要求。有些工程竣工后，为了便于维修和扩建，还必须测绘出竣工图。有些高大或特殊的建筑物建成后，还要定期进行变形观测，以便积累资料，掌握变形的规律，为以后建筑物的设计、维护和使用提供资料。

2. 施工测量工作特点

测绘地形图是将地面上的地物、地貌测绘在图纸上，而施工测量则和它相反，是将设计图纸上的建筑物、构筑物按其设计位置测设到相应的地面上。

测设精度的要求取决于建筑物或构筑物的大小、材料、用途和施工方法等因素。一般高层建筑物的测设精度应高于低层建筑物，钢结构厂房的测设精度应高于钢筋混凝土结构厂房，装配式建筑物的测设精度应高于非装配式建筑物。

施工测量工作与工程质量及施工进度有着密切的联系。测量人员必须了解设计的内容、性质及其对测量精度的要求，熟悉图纸上的尺寸和高程数据，了解施工的全过程，并掌握施工现场的变动情况，使施工测量工作能够与施工密切配合。

另外，施工现场工种多，交叉作业频繁，并有大量土、石方填挖，地面变动很大，又有动力机械的振动，因此各种测量标志必须埋设稳固且位于不易被破坏的位置。还应做到妥善保护，经常检查，如有破坏应及时恢复。

3. 施工测量工作原则

施工现场上有各种建筑物、构筑物且分布较广，往往又不是同时开工兴建。为了保证各个建筑物、构筑物的平面和高程位置都符合设计要求，互相连成统一的整体，施工测量和测绘地形图一样，也要遵循"从整体到局部，先控制后碎部"的原则。即先在施工现场建立统一的平面控制网和高程控制网，然后以此为基础，测设出各个建筑物和构筑物的位置。

施工测量的检核工作也很重要，必须采用各种不同的方法，加强外业和内业的检核工作。

二、测量员岗位工作职责

1. 质量管理体系对于施工测量的要求

（1）质量管理体系相关要求

1）应按施工测量的过程建立质量管理体系，明确施工测量的过程、活动及其合理的顺序，明确过程控制的准则和方法，明确为保证过程实现所应投入的资源（人力、设备、资金、信息等），明确对过程进行监视、测量和分析的方法，如果有协作单位，还应规定对协作单位的控制和协调方法等。

2）应收集与施工测量有关的法规、标准、规程等工作中所依据的有效版本文件；明确应管理的主要文件，如施工图纸、放线依据、工程变更以及记录等。

3）明确施工测量应形成和保留的各种质量记录的类型与数量，明确记录人、校核人，明确质量记录的记录和保存要求等。

4）建立制度以做好文件的管理，如规定专人管理、建立档案、建立文件目录、及时清理无效文件等。

5）对外发放文件如有审批要求，应明确审批的责任人、审批的时间和审批的方式等。

（2）管理职责的相关要求

1）在企业质量方针的框架下，明确施工测量的质量目标，如测量定位准确率、测量结果无差错率、配合施工进度的及时率等，作为工作质量的奋斗目标和考核标准。

2）明确工作分工和岗位职责，充分发挥每个人的参与意识和责任心。

3）为企业领导层的管理评审提供与施工测量质量管理的实施效果有关的信息。

（3）资源管理的相关要求

1）明确岗位的能力要求，如文化水平、工作经历、技能要求、培训要求等。

2）建立岗位培训制度，不断提高业务水平，确保工作质量。

3）明确测量任务所要求的设备类型、规格，如全站仪、经纬仪和水准仪的精度要求等，并按要求配齐数量。

（4）产品实现的相关要求

1）策划施工测量的实施过程，编制施工测量方案，方案中应明确测量的控制目标、工作依据、工作过程、检验标准、检验时机、检验方法，以及对设备、人员和记录的要求等。

2）应了解施工承包合同中双方的权利和义务，重点掌握与施工测量有关的要求；获取施工测量所必需的信息和资料，明确顾客对产品的各种要求。

3）按策划的结果和法规的要求实施施工测量，为施工提供可靠的依据（控制点、控制线、有关数据等），对施工中的特殊部位应加强监测，保护好测量标志，并正确指导施工人员用好测量标志。

4）对测量设备应按法规的要求定期进行检定和检校，一旦发现测量设备有失准现象时，应立即停工检查，并使用准确的测量设备，核实以往测量结果的有效性。

（5）测量、分析和改进的相关要求

1）要按施工测量方案的要求，对施工测量的过程和结果进行监视和测量，如采用自检、互检和验收的程序，保证施工测量的过程和结果符合顾客的要求、符合设计图纸的要求、符合法规的要求等。

2）对施工测量中发现的不合格问题除应纠正达到合格外，还应分析原因，提出纠正措施，防止不合格现象的再次发生。

3）对各类施工测量的结果应采用数据分析的方法进行分析，如计算中误差、分析误差的分布状态，比较以往测量结果的差异，查找应采取的预防措施或应改进的方面等。

4）要对使用施工测量结果的人员进行访问或调查，了解其对所提供的控制点、控制线、有关数据等在使用中的意见以及在施工配合中的问题，以满足顾客要求、增强顾客满意度为努力方向，不断地改进施工测量的工作质量。

2. 测量放线工作的基本准则

（1）认真学习与执行国家法令、政策与规范，明确为工程服务、对按图施工与工程进度负责的工作目标。

（2）遵守先整体后局部的工作程序。即先测设精度较高的场地整体控制网，再以控制网为依据，进行各局部建筑物的定位、放线。

（3）严格审核测量起始依据的正确性，坚持测量作业与计算工作步步有校核的工作方法。测量起始依据应包括设计图纸、文件、测量起始点、数据等。

（4）遵循测法要科学、简捷，精度要合理、相称的工作原则。方法选择要适当，使用要精心，在满足工程需要的前提下，力争做到省工、省时、省费用。

（5）定位、放线工作必须执行经自检、互检合格后，由有关主管部门验线的工作制度。还应执行安全、保密等有关规定，用好、管好设计图纸与有关资料，实测时要当场做好原始记录，测后要及时保护好桩位。

（6）紧密配合施工，发扬团结协作、不畏艰难、实事求是、认真负责的工作作风。

（7）虚心学习、及时总结经验，努力开创新局面，以适应建筑业不断发展的需要。

3. 测量验线工作的基本准则

（1）验线工作应主动预控。验线工作要从审核施工测量方案开始，在施工的各主要阶段前，均应对施工测量工作提出预防性的要求，以做到防患于未然。

（2）验线的依据应原始、正确、有效。设计图纸、变更洽商、定位依据点位（如红线桩、水准点等）及已知数据（如坐标、高程等）必须是原始资料，应最后定案有效，结论正确，因为这些是施工测量的基本依据。若其中有误，在测量放线中比较难以发现，一旦使用后果不堪设想。

（3）仪器与钢卷尺必须按有关规定进行检定和检校。

（4）验线的精度应符合规范要求

1）仪器的精度应适应验线要求，有检定合格证并校正完好。

2）必须按规程作业，观测误差必须小于限差，观测中的系统误差应采取措施进行改正。

3）验线成果应先行附合（或闭合）校核。

（5）验线工作必须独立，尽量与放线工作不相关，主要包括以下几方面：

1）观测人员。

2）仪器。

3）测法及观测路线等。

（6）验线部位应为关键环节与最弱部位

1）定位依据桩及定位条件。

2）场区平面控制网、主轴线及其控制桩（引桩）。

3）场区高程控制网及 ±0.000 高程线。

4）控制网及定位放线中的最弱部位。

（7）验线方法及误差处理

1）场区平面控制网与建筑物定位，应在平差计算中评定其最弱部位的精度，并实地验测，精度不符合要求时应重测。

2）细部测量，可用不低于原测量放线的精度进行验测，验线成果与原放线成果之间的误差应按以下原则处理：

① 两者之差小于 $1/\sqrt{2}$ 限差时，对放线工作评为优良。

② 两者之差略小于或等于 $1/\sqrt{2}$ 限差时，对放线工作评为合格（可不改正放线成果，或取两者的平均值）。

③ 两者之差超过 $1/\sqrt{2}$ 限差时，原则上不予验收，尤其是要害部位。若次要部位，可令其局部返工。

4. 施工测量记录要求

（1）测量记录的基本要求。原始真实、数字正确、内容完整、字体工整。

（2）记录应填写在规定的表格中。开始应先将表头所列各项内容填好，并熟悉表中所载各项内容与相应的填写位置。

（3）记录应及时填写清楚。不允许先写在草稿纸上后转抄誊清，以防转抄错误，应保持记录的"原始性"。采用电子记录手簿时，应打印出观测数据。记录数据必须符合法定计量单位。

（4）记录字体要工整、清楚。相应数字及小数点应左右成列、上下成行、一一对齐。记错或算错的数字，不准涂改或擦去重写，应将错数画一斜线，将正确数字写在错数的上方。

（5）记录中数字的位数应反映观测精度。如水准读数应读至 mm，若某读数为 1.33m 时，应记为 1.330m，不应记为 1.33m。

（6）记录过程中的简单计算，应现场及时进行。如取平均值等，并做校核。

（7）记录人员应及时校对观测所得到的数据。根据所测数据与现场实况，以目估法及时发现观测中的明显错误，如水准测量中读错整米数等。

（8）草图、点之记图应当场勾绘。方向、有关数据和地名等应一并标注清楚。

（9）注意保密。测量记录多有保密内容，应妥善保管，工作结束后，应上交有关部门保存。

5. 施工测量计算要求

（1）测量计算工作的基本要求。应依据正确、方法科学、计算有序、步步校核、结果可靠。

（2）外业观测成果是计算工作的依据。计算工作开始前，应对外业记录、草图等认真仔细地逐项审阅与校核，以便熟悉情况并及早发现与处理记录中可能存在的遗漏、错误等问题。

（3）计算过程一般均应在规定的表格中进行。按外业记录在计算表中填写原始数据时，严防抄错，填好后应换人校对，以免发生转抄错误。这一点必须特别注意，因为抄错原始数据，在以后的计算校核中无法发现。

（4）计算中，必须做到步步有校核。各项计算前后联系时，前者经校核无误，后者方可开始。校核方法应以独立、有效、科学、简捷为原则，常用的方法有：

1）复算校核。将计算重做一遍，条件许可时最好换人校核，以免因习惯性错误而"重蹈覆辙"，使校核失去意义。

2）总和校核。例如，水准测量中，终点对起点的高差，应满足如下条件

$$\sum h = \sum a - \sum b = H_{\text{终}} - H_{\text{始}} \qquad (2-1)$$

3）几何条件校核。例如，闭合导线计算中，调整后的各内角之和，应满足如下条件

$$\sum \beta_{\text{理}} = (n-2)180° \qquad (2-2)$$

4）变换计算方法校核。例如，坐标反算中，有按公式计算和计算器程序计算两种方法。

5）概略估算校核。在计算之前，可按已知数据与计算公式，预估结果的符号与数值，此结果虽不可能与精确计算值完全一致，但一般不会有很大差异，这对防止出现计算错误至关重要。

6）计算校核。计算校核一般只能发现计算过程中的问题，不能发现原始依据是否有误。

（5）计算中所用数字应与观测精度相适应。在不影响成果精度的情况下，要及时合理地删除多余数字，以提高计算速度。删除多余数字时，宜保留到有效数字后一位，以使最后结果中有效数字不受删除数字的影响。删除数字应遵守"四舍、六入、整五凑偶（即单进、双舍）"的原则。

第二节　施工测量方案及资料编制

一、施工测量方案的编制

1. 制订测量放线方案前的准备工作

制订测量放线方案前，应做好以下三项主要的准备工作：

（1）了解工程设计。在学习与审核设计图纸的基础上，参加设计交底、图纸会审，以了解工程性质、规模与特点；了解工程参与各

方对测量放线的要求。

（2）了解施工安排。包括施工准备、场地总体布置、施工方案、施工段的划分、开工顺序与进度安排等。了解各道工序对测量放线的要求，了解施工技术与测量放线、验线工作的管理体系。

（3）了解现场情况。包括原有建（构）筑物，尤其是各种地下管线与建（构）筑物情况，施工对附近建（构）筑物的影响，是否需要监测等。

总之，在制订测量放线方案前，应做到以上的"三了解"，应清楚情况，明确测量放线的方法与精度要求，以便能有的放矢地制订好测量放线方案。

2. 施工测量方案应包括的主要内容

施工测量工作是自始至终引导工程顺利进行的控制性工作，施工测量方案是预控质量、全面指导测量放线工作的依据。因此，在工程开工前编制切实可行的施工测量方案非常必要。施工测量方案应包括以下几方面的内容：

（1）工程概况。场地位置、面积与地形情况，工程总体布局、建筑面积、层数与高度，结构类型与室内外装饰情况，施工工期与施工方案要点，预建工程的特点与对施工测量的基本要求。

（2）施工测量基本要求。场地、建筑物与建筑红线的关系，定位条件，工程设计及施工对测量精度与进度的要求。

（3）场地准备测量。根据设计总平面图与施工现场总平面布置图，确定动迁次序与范围，测定需要保留的原有地下管线、地下建（构）筑物与名贵树木的树冠范围，进行场地平整与暂设工程定位放线工作。

（4）测量起始依据校测。对起始依据点（包括测量控制点、建筑红线桩点、水准点）或原有地上、地下建（构）筑物，均应进行校测。

（5）场区控制网测设。根据场区情况、设计与施工的要求，按照便于施工、控制全面又能长期保留的原则，测设场区平面控制网与高程控制网。

（6）建筑物定位与基础施工测量。建筑物定位与主要轴线控制桩、护坡桩、基础桩的定位与监测，基础开挖与 ±0.000 以下各层施工测量。

（7）±0.000以上施工测量。首层、非标准层与标准层的结构测量放线、竖向控制与高程传递。

（8）特殊工程施工测量。高层钢结构、高耸建（构）筑物（如电视发射塔、水塔、烟囱等）与体育场馆、演出厅等的施工测量。

（9）室内、外装饰与安装测量。会议室、大厅、外饰面、玻璃幕墙等室内外装饰测量，各种管线、电梯、旋转餐厅的安装测量。

（10）竣工测量与变形观测。竣工现状总图的编绘与各单项工程竣工测量，设计与施工要求的变形观测的内容、方法及要求。

（11）验线工作。明确各分项工程测量放线后，应由哪一级验线及验线的内容。

（12）施工测量工作的组织与管理。根据施工安排制定施工测量工作进度计划，确定使用仪器型号、数量以及附属工具、记录表格等用量计划，确定测量人员及组织结构等。

施工测量方案由施工方制订再经审批后，应填写施工组织设计（方案）报审表，报建设监理单位审查、审批并严格落实，如图2-1所示。

二、施工测量资料编制与管理

1. 施工测量资料管理要求

施工测量资料是在施工过程中形成的确保建筑物位置、尺寸、标高和变形量等满足设计要求及规范规定的各种测量成果记录的统称。施工测量资料主要有：工程定位测量记录、基槽平面标高测量记录、楼层平面放线及标高抄测记录、建筑物垂直度及标高测量记录、变形观测记录等。

（1）施工单位应依据由建设单位提供的有相应测绘资质等级部门出具的测绘成果、单位工程楼座桩及场地控制网（或建筑物控制网），测定建筑物平面位置、主控轴线及建筑物±0.000标高的绝对高程，填写工程定位测量记录。

（2）施工单位在基础垫层未做防水前，应依据主控轴线和基底平面图，对建筑物基底外轮廓线、集水坑、电梯井坑、垫层标高（高程）、基槽断面尺寸和坡度等进行抄测并填写基槽平面及标高实测记录。

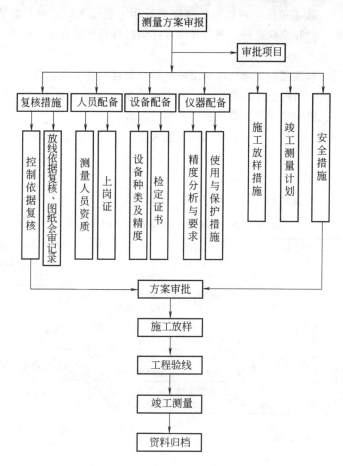

图 2-1 施工测量方案报审及实施流程

（3）施工单位应依据主控轴线和基础平面图在基础垫层防水保护层上进行墙柱轴线及边线、集水坑、电梯井边线的测量放线与标高实测；在结构楼层上进行墙柱轴线及边线、门窗洞口线等测量放线，实测楼层标高及建筑物各大角双向垂直度偏差，填写楼层平面及标高实测记录。

（4）施工单位应在本层结构实体完成后，抄测本楼层 +0.500m（或 +1.000m）标高线，填写楼层标高抄测记录。

（5）施工单位应在结构工程完成后和工程竣工时，对建筑物外轮廓垂直度和全高进行实测，并填写建筑物外轮廓垂直度及标高测量记录。

设计和规范有要求的或施工需进行变形观测的工程，应有施工过程中及竣工后的变形观测记录，记录的内容包括变形观测点布置图、变形量、时间荷载关系曲线图，并形成报告。

施工单位应在完成各种施工测量成果的同时，报监理单位查验并签字。

2. 施工测量资料的签认

施工测量资料签认权限及时限要求见表2-1。

表2-1　施工测量资料签认权限及时限要求

序号	工程资料名称	完成或提交时限	主要签认责任人员	责任单位、部门或人员
1	工程定位测量记录	在定位完成后2d内提交	技术、质量、测量等相关人员	项目测量员或委托的测量单位
2	基槽验线记录	在验线完成后2d内提交	技术、质量、测量等相关人员	项目测量员
3	楼层平面放线记录	在放线完成后1d内提交	技术、质量、测量等相关人员	项目测量员
4	楼层标高抄测记录	在抄测完成后1d内提交	技术、质量、测量等相关人员	项目测量员
5	建筑物垂直度、标高观测记录	在每次测量结束后7d内提交	技术、质量、测量等相关人员	项目测量员
6	沉降观测记录	在每次沉降观测结束后7d内提交	沉降观测单位相关责任人员	建设单位委托的观测单位

第三节　现场施工测量管理

一、施工测量管理内容

1. 建立项目测量工作体系

项目经理部组建后，应尽早成立项目测量队。项目技术负责人负责组建工作。测量队隶属于项目经理部的技术部门，属项目经理部管理层机构编制。项目经理部的分部或工点及有条件的项目经理部操作层，可根据工程需要成立测量组，测量组在测量业务上归项目经理部测量队领导。不设测量组的项目经理部，测量队应承担测量组的测量工作。

项目测量管理体系如图 2-2 所示。

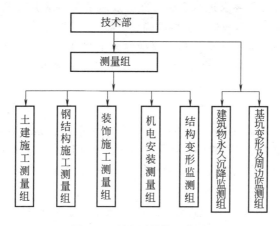

图 2-2　项目测量管理体系

测量队、组的人员数量必须满足施工需要。测量队队长应具有土木工程专业助理工程师以上职称、从事测量工作 3 年（测量专业毕业的 2 年）以上。负责仪器操作的人员必须持有测量员岗位证书，其他测工应经基本技能培训合格后上岗。

2. 施工测量仪器管理

测量队、组的仪器、工具配置应符合工程施工合同条件的要求，应根据工程种类配备必要的技术规范、工具书和应用软件。测量仪器、工具必须做到及时检查与校正，加强维护，定期检修，使其经常保持良好状态。周期送检的测量仪器、工具，应到国家法定的计量技术检定机构检定，测量队负责仪器、工具的送检工作。

3. 加强测量工作管理

（1）施工测量依据文件

1）施工测量前，应具有建设单位提供的城市规划部门测绘成果、工程勘察报告、施工设计图纸及变更文件、施工场区管线及构筑物测绘成果等资料。

2）与施工测量有关的施工设计图纸及变更文件，应包括建筑总平面图、基础平面图、首层平面图、地上标准层平面图及主要方向的剖面图。

3）施工测量人员应全面了解设计意图，对各专业图纸按"设计图纸的审核"的要求进行审核，并应及时了解与掌握有关工程设计变更，以确保测量放样数据的准确、可靠。

（2）施工测量场地条件。要做好施工测量工作，项目技术负责人要督促测量人员树立精确细致、严肃认真的科学态度，了解测量工作在工程中的重要性。重点做好平面坐标、高程等测量数据的计算，做到有计算就必须有复核，确保数据的精度和准确性。实际工作中，要熟练掌握仪器操作和测量的方法，对不同的测量对象选用不同的方法及精度要求来进行控制，确保结构物的几何尺寸和线形准确。应尽可能推广应用先进的新技术和新设备，在保证精度要求的前提下提高工作效率。

1）施工场地布置应符合施工组织设计或施工方案的要求，保证施工测量工作要求的通视条件。

2）施工测量场地内的各种测量点应采取有效的保护措施，标志要准确、清楚和醒目，严禁盖压、碰动和毁坏。竣工后仍需保存的永久性场区控制点、高程点，应按照《建筑施工测量技术规程》（DB11/T 446—2007）中的相关规定执行。

3）设在变形区域内的控制桩要采取相应的加固措施，防止由于地基变形对桩位产生不利影响。

任何施工项目都需要测量工作的密切配合，特别是结构复杂、质量标准高、施工难度大的工程项目，更需要测量工作的有力支持。测量工作的好坏，直接影响到工程的进度与质量，乃至经济效益的发挥。

项目技术负责人要认识到测量工作对工程质量、进度及工程成本控制的重要性。在工程施工中，测量工作必须先行，只有将设计点位测设于实地后，工程施工才能开始进行，这对工程的进度有着决定性的影响。

项目经理部应当重视测量工作，加强领导和监督。根据测量队的工作特殊性，为其创造良好的工作和生活条件，保证必要的交通、后勤服务。

4. 施工测量定位依据点及水准点

（1）施工测量定位依据点及水准点主要包括建设单位为施工单位提供的城市导线点、线线桩、拨地桩、道路中线桩、拟建建筑物角点、既有建筑物（几何关系）、高程控制点、临时水准点等。

（2）施工测量定位依据点及水准点的交接工作应在技术部门收到设计文件并具备相应条件后进行。交接工作应在建设单位主持下，由建设、设计、监理和施工单位在现场进行。进行桩点交接时，相应的资料必须齐全，一切测量数据、附图和标志等必须是正式、有效的原始文件。

（3）建设单位提供的标准桩应完整、稳固并有醒目的标志，施工单位接桩后，必须对标准桩点采取有效的保护措施，做好标志，严禁压盖、碰撞和毁坏。

（4）交接桩工作办理完毕后，必须填写交接桩记录表，一式四份，建设单位、监理单位、项目部和测量员各一份。

（5）接桩后由测量队（组）对桩点进行复测校核，发现问题应提交建设单位、规划单位或上级测绘部门解决。校核内容包括桩点的高程、边长、方向角、坐标及非桩点定位依据的几何关系。复测记录应保存。

（6）对于建筑单位提供的钉桩通知单或其他原始数据应进行校验，内容包括坐标反算、几何条件核算、定位和高程条件依据的正确性校对、施工图中各种几何尺寸的校核等。起始定位依据必须是唯一确定建筑物平面位置和高程的条件，若有多余定位条件并相互矛盾时，应与建设方及监理协商，在保证首要条件的前提下对次要条件进行修改。对于建筑物定位和高程有关的变更，必须有建设方书面确认。

5. 加强测量成果的校核

测量成果不允许有任何差错，否则将造成重大的经济损失，在工程质量和进度上，也将造成难以挽回的不利影响，这就要求施工过程中对测量成果的校核工作要及时，走在施工的前头，以保证施工的顺利进行。对隐蔽工程，测量成果的校核更要仔细、全面。测量工作必须严格执行测量复核签认制，以保证测量的工作质量，防止出错，提高测量工作效率。

测量工作是一项精确、细致的工作，贯穿于整个施工过程中，要求项目技术负责人自始至终均给予高度重视，不能有半点马虎和懈怠。对测量人员的管理、仪器的保管与操作、测量的方法与程序等，都要从制度上加以完善，建立一套项目工程测量的规章制度，并形成测量成果的校核和复核体系，以确保工程的质量和进度满足要求，杜绝测量事故的发生。

测量外业工作必须有多余观测，并构成闭合检测条件。控制测量、定位测量和重要的放样测量，必须坚持采用两种不同方法（或不同仪器）或换人进行复核测量。利用已知点（包括平面控制点、方向点、高程点）进行引测、加点和施工放样前，必须坚持"先检测后利用"的原则。

6. 施工测量放线的实施

（1）测量工作的程序和原则。测量工作从布局上按"由整体到局部"的原则进行，逐级加以控制；在程序上按"先控制后碎部"的原则进行，即先完成控制测量，再利用控制测量的成果进行施工放样。在测量精度上，遵循"由高级到低级"的原则，控制测量的精度要求高，施工放样的精度相对较低。

工程项目要积极推广使用各种先进的测量仪器和现代化的测量方法，以提高测量精度和工效，满足施工需要。

（2）施工测量方案与技术交底

1）建筑小区工程、大型复杂建筑物、特殊工程的施工，均应按《建筑工程施工测量规程》中有关"施工测量方案的编制"的要求编制施工测量方案。

2）施工测量方案由测量专业人员会同技术部门共同编写，可以分阶段编写，但应保证在各阶段施工前完成。

3）施工测量方案编制完毕后，应由施工单位的技术、生产、安全等相关部门会签，由技术负责人进行审批。

4）施工测量方案审批后，应进行施工测量交底。

（3）施工测量放线的实施

1）施工测量各项内容的实施应按照方案和技术交底进行，遇到问题应及时会同技术部门进行方案调整，补充或修改方案。

2）施工测量中，必须遵守"先整体后局部"的工作程序。即先测设精度较高的场地整体控制网，再以控制网为依据，进行局部建筑物的定位、放线。

3）施工测量前，必须严格审核测量起始依据（设计图纸、文件、测量起始点位、数据）的正确性，坚持测量作业与计算工作步步有校核的工作方法。

4）实测时应做好原始记录。施工测量工作的各种记录应真实、完整、正确、工整，并妥善保存。对于需要归档的各种资料，应按施工资料管理规程整理及存档。

5）每次施工测量放线完成后，按施工资料管理规程要求，测量人员应及时填写各项施工测量记录，并提请质量检查员进行复测。

7．施工中的变形观测

（1）规范或设计要求进行新建建筑物变形观测的项目，由建设单位委托有资质的单位完成，施测单位应按变形观测方案，定期向建设单位提交观测报告，建设单位应及时向设计及土建施工单位反馈观测结果。

（2）施工现场邻近建（构）筑物的安全监测、邻近地面沉降监测的范围与要求，由设计单位确定，并由建设单位委托有资质的单位完成。施测单位应按变形观测方案，定期向建设单位提交观测报告。建设单位应及时向设计及土建施工单位反馈观测结果。

（3）护坡的变形观测及重要施工设施的安全监测，由专业施工单位确定和完成，并应编写变形观测方案，及时整理观测结果，保证施工中的安全。

8．施工测量工作应注意的问题

（1）周密安排，注重测量程序。从单位工程、分部工程、分项工程直到具体工序，从整体上做好周密计划，分清主次与轻重缓急，安排组织好每一个施工测量的环节，使放样工作和施工工序紧密衔接。

在测量放样布局上，按照"由整体到局部"的程序逐级加以控制。

（2）加强图纸与放样数据的审核工作，重视放样成果的现场检查，全面识读与审核设计图纸，尽早发现设计错误并处理。放样的计算数据要指定专人核对，测量完成后，要对放样成果用不同的方法当场检查，以免因疏忽大意或意外因素造成不必要的测量质量事故。

（3）认真做好记录，保存好测量资料。施工测量中必须认真做好记录，连同放样资料一起保存。使用全站仪时，要及时传输并储存数据，以防丢失。

（4）测量仪器的使用与保管。使用仪器前，应认真阅读使用说明书，确保仪器的正确使用。严格按照操作规程工作，重视工地现场环境下的仪器保护。在仪器的搬运过程中，要防止碰撞及振动。仪器装箱的位置要正确，关箱后扣好。

测量仪器必须有专人保管，不得随意拆卸仪器。平时应保持仪器干净、清洁，防止阳光暴晒、雨淋和受潮。

（5）测量安全。对测量人员要进行安全教育，组织学习安全操作规程，严格执行"安全第一，预防为主"的方针。具体要强调以下几点：

1）进入施工现场必须戴安全帽，水上作业必须穿救生衣。

2）仪器架设后操作人员不得离开仪器，在路边架设仪器需有专人保护，设交通标志。

3）严禁塔尺、花杆等测量器具触碰空中和地面上的电缆，特别是裸露电缆。

4）注意施工现场各种交叉作业可能引起的安全问题，上支架测量需设置人行梯。

（6）环境保护。施工测量中要注意环境保护，废弃的木桩、油漆桶和记号笔等不得随地乱扔，应按照当地的环保规定统一处理。

二、施工测量班组管理

1. 施工测量管理体制

目前，国内建筑工程公司、市政工程公司多为公司、项目部（工程处）两级管理。由于各工程公司规模与管理体制的不同，对施工测量的管理体系也不一样。

一般规模较大的工程公司，对施工测量比较重视，多在公司技术质量部门设专业测量队，由工程测量专业工程师与测量技师组成，配备全站仪与精密水准仪等成套仪器，负责各项目部（工程处）工程的场地控制网的建立、工程定位及对各项目部（工程处）放线班组所放主要线位进行复测验线。此外，还可担任变形与沉降等观测任务。项目部（工程处）设施工放线班组，由高级或中级放线工负责，配备一般经纬仪与水准仪，其任务是根据公司测量队所定的控制依据线位与标高，进行工程细部放线与抄平，直接为施工作业服务。

另一种施工测量体制是工程公司的规模也不小，但对施工测量工作的重要性与技术难度认识不足，以精减为名而只是在项目部（工程处）设施工测量班组，由放线工组成，受项目工程师或土建技术员领导，测量班组的任务是全面负责工程场地控制网的测设、工程定位及细部放线抄平，而验线工作多由质量部门负责，由于一般质检人员的测量专业水平有限，故验线工作一般效果多不理想。

实践证明，上述两种施工测量管理体制，以前者效果为好，具体反映在以下三个方面：

（1）测量专业人才与高新设备可以充分发挥作用，不同水平的放线工也能因材施用。

（2）测量场地控制网与工程定位的质量有保证，能承接大型、复杂工程测量任务。

（3）有专业技术带头人，有利于实践经验的交流总结和人员的系统培训，这是不断提高测量工作质量的根本。

2. 施工测量班组管理内容

施工测量放线工作是工程施工总体的全局性工序，是工程施工各环节之初的先导性工序，也是环节终了时的验收性工序。根据施工进度的需要，及时准确地进行测量放线、抄平，为施工挖槽、支模提供依据，是保证施工进度和工程质量的基本环节，这一点在正常作业情况中，往往被人们认为测量工是不创造产值的辅助工种。但如果定位错了，将造成整个建筑物位移；标高引错了，将造成整个建筑抬高或降低；竖向失控，将造成建筑整体倾斜；护坡桩监测不到位，将造成基坑倒塌……。总之，由于测量工作的失误，造成的损失有时是严重、全局性的。故有经验的施工负责人对施工测量工作都较为重视，他们明白"测量出错，全局乱"的教训，因而会选派业务精良、工作上认真负责的测量专业人员负责组建施工测量班组。班组管理工作的基本内容有以下六项：

（1）认真贯彻全面质量管理方针，确保测量放线工作质量。

1）进行全员质量教育，强化质量意识。主要是根据国家法令、规范与规程要求，把好质量关，做到测量班组所交出的测量成果正确、精度合格，这是测量班组管理工作的核心。使测量人员能自觉地做到：作业前严格审核起始依据的正确性，在作业中坚持测量、计算工作步步有校核的工作方法。错误应及时发现并剔除，交出精度合格的成果，保证测量放线工作的质量。

2）充分做好准备工作，进行技术交底与有关规范的学习。主要是校核设计图纸、校测测量依据点位与数据、检定与检校仪器和钢卷尺，以取得正确的测量起始依据，这是准备工作的核心。要针对工程特点，进行技术交底与学习有关规范、规章，以适应工程的需要。

3）制定测量放线方案，采取相应的质量保证措施。主要是做好制定测量放线方案前的准备工作，制定好切实可行又能预控质量的测量放线方案；按工程实际进度要求，执行好测量放线方案，并根据工程现场情况，不断修改、完善测量放线方案；并针对工程需要，制定保证质量的相应措施。

4）安排工程阶段检查与工序管理。主要是建立班组内部自检、互检的工作制度与工程阶段检查制度，强化工序管理；并严格执行测量验线工作的基本准则，防止不合格成果进入下一道工序。

5）及时总结经验，不断完善班组管理制度与提高班组工作质量。主要是注意及时总结经验、累积资料，每天记好工作日志，做到班组生产与管理等工作均有原始记载，记录简要过程与经验教训，以发挥优点、克服缺点、改进工作，使班组工作质量不断提高。

（2）班组的图纸与资料管理。设计图纸与洽商资料不但是测量放线的基本依据，而且是绘制竣工图的依据，并有一定的保密性。施工中设计图纸的修改与变更是正常的现象，为防止按过期的无效图纸放线与明确责任，一定要管好用好图纸资料。

1）做好图纸的审核、会审与签收工作。

2）做好日常的图纸借阅、收回与整理等日常工作，防止损坏与丢失。

3）按资料管理规程要求，及时做好归案工作。

4）日常的测量外业记录与内业计算资料，必须按不同类别管好。

（3）班组的仪器设备管理。测量仪器设备价格昂贵，测量放线工作必不可少，其精度状况又是保证测量精度的基本条件。因此，管好用好测量仪器是班组管理中的重要内容。

1）要按计量法规定，做好定期检定工作。

2）在检定周期内，应按要求做好必要项目的检校工作，每台仪器要建有详细的技术档案。

3）班组内要设人专门管理，负责账物核实，仪器检定、检校与日常收发检查工作。高精度仪器要由专人使用与保养，一般仪器要求人人精心使用与保养。

4）仪器应放在铁皮柜中保存，并做好防潮、防火与防盗措施。

（4）班组的安全生产与场地控制桩的管理

1）班组内要有人专门管理安全生产，要严格执行有关规定，防止思想麻痹，造成人身与仪器的安全事故。

2）场地内各种控制桩是整个测量放线工作的依据，除在现场采取妥善的保护措施外，要有专人经常巡视检查，防止车轧、人毁，并提请有关施工人员共同给以保护。

（5）班组的政治思想与岗位责任管理

1）要加强职业道德和文化技术培训，使班组成员素质不断提高，这是班组建设的根本。

2）建立岗位责任制，做到事事有人管、人人有专责、办事有标准、工作有检查。使班组人人关心集体、团结配合，全面做好各方工作。

（6）班组长的职责

1）以身作则全面做好班组工作，在执行"测量放线方案"中要有预见性，使放线工作紧密配合施工，主动为施工服务，发挥全局性、先导性作用。

2）发扬民主精神调动全班组成员的积极性，使全班组人员树立群体意识、维护班组形象与企业声誉，把班组建成团结协作的先进集体，及时、高精度地放好线，发挥全局性、保证性的作用。

3）严格要求全班组成员，认真负责做好每一项细小工作，争取少出差错，做到奖惩分明、一视同仁，并使工作成绩与必要的奖励挂钩。

4）注意积累全组成员的经验与智慧，不断归纳、总结出有规律、先进的作业方法，以不断提高全班组的作业水平，为企业做出更大贡献。

三、施工测量安全管理

1. 施工现场测量作业特点

施工测量人员在施工现场，虽比不上架子工、电工或爆破工遇到的险情多，但是由于测量放线工作的需要，使测量人员在安全隐患方面有"八多"，即：

（1）要去的地方多、观测环境变化多。测量放线工作从基坑到封顶，从室内结构到室外管线的各个施工角落均要放线，所以要去的地方多，且各测站上的观测环境变化多。

（2）接触的工种多、立体交叉作业多。测量放线从打桩挖土到结构支模，从预埋件的定位到室内外装饰设备的安装，需要接触的工种多，尤其是立体交叉作业多。

（3）在现场工作时间多，天气变化多。测量人员每天早晨上班要早，以检查线位桩点；下午下班要晚，以查清施工进度，安排明天的工作；中午工地人少，正适合加班放线，以满足下午施工的需要，所以施工测量人员在现场工作时间多。天气变化多，也应尽量适应。

（4）测量仪器十分贵重，各种附件与工具多，机电接触机会多。测量仪器怕摔砸，斧锤怕失手，线坠怕坠落；现场电焊机、临时电线多，因此测量仪器触电机会多。

总之，测量人员在现场放线中，要集中精神观测与计算。周围的环境却千变万化，上述的"八多"隐患均有造成人身或仪器损伤的可能。为此，测量人员必须在制定测量放线方案中，根据现场情况按

"预防为主"的方针，在每个测量环节中落实安全生产的具体措施。并在现场放线中严格遵守安全规章，认真作业，既要做到测量成果好，也要做到人身、仪器双安全。

2. 建筑施工测量安全作业要点

（1）为贯彻"安全第一、预防为主"的基本方针，在制订测量放线方案中，就要针对施工安排和施工现场的具体情况，在各个测量阶段落实安全生产措施，做到预防为主。尤其是人身与仪器的安全，尽量减少立体作业，以防坠落与摔砸。如平面控制网站的布设要远离施工建筑物，内控法做竖向投测时，要在仪器上方采取可靠措施。

（2）对新参加测量工作的人员，在做好测量放线、验线应遵守的基本准则教育的同时，针对测量放线工作存在安全隐患"八多"的特点进行安全操作教育，使他们能严格遵守安全规章制度；现场作业必须戴好安全帽，高处或临边作业要绑扎安全带。

（3）各施工层上作业，要注意"四口"安全，不得从洞口或井字架上下，防止坠落。

（4）上下沟槽、基坑或登高作业应走安全梯或马道。在槽、基坑底作业前，必须检查边坡的稳定性，确认安全后再进入。

（5）在脚手板上行走，要防止踩空或板悬挑；在楼板临边放线，不要紧靠防护设备，严防高处坠落；机械运转时，不得在机械运转范围内作业。

（6）测量作业钉桩前，应检查锤头的牢固性。作业时与他人协调配合，不得正对他人抡锤。

（7）钢卷尺量距要远离电焊机和机电设备，用水准尺抄平时要防止碰撞架空电线，以防造成触电事故。

（8）仪器必须安置在光滑的水泥地面上时，要有防滑措施，如三脚架尖要插稳，以防滑倒。仪器安置后必须设专人看护，在强阳光下或安全网下都要打伞进行防护；夜间或黑暗处作业时，应具备必要的照明安全设备。

（9）高血压、心脏病患者，不宜高处作业。

（10）操作时必须精神集中，不得玩笑打闹，或往楼下或低处掷杂物，以免伤人、砸物。

3. 市政工程测量安全作业要点

（1）进入施工现场必须按规定穿戴好安全防护用品。

（2）作业时必须避让机械，躲开坑、槽、井，选择安全的路线和地点。

（3）上下沟槽、基坑应走安全梯或马道。在槽、基坑底作业前，必须检查边坡的稳定性，确认安全后再进入。

（4）高处作业必须走安全梯或马道，临边作业时必须采取防坠落措施。

（5）在道路上作业时必须遵守交通规则，并据现场情况采取防护、警示措施，避让车辆，必要时设专人监护。

（6）进入井、深基坑（槽）及地下构筑物内作业时，应在地面进出口处设专人监护。

（7）机械运转时，不得在机械运转范围内作业。

（8）测量作业钉桩前，应检查锤头的牢固性。作业时与他人协调配合，不得正对他人抡锤。

（9）在河流、湖泊等水体中进行测量作业前，必须先征得主管单位的同意，掌握水深、流速等情况，并据现场情况采取防溺水措施。

（10）冬期施工不应在冰上作业。严冬期间必须在冰上作业时，应在作业前进行现场探测，充分掌握冰层厚度，确认安全后方可进行。

四、测量管理制度及职责

1. 工程测量管理制度

（1）总则

1）工程测量是做好施工技术准备、保证工程施工顺利进行、确保工程质量的重要环节，各级施工管理人员必须重视和支持测量工作。公司应成立测量专业技术委员会，公司、项目经理部均应设专职测量人员，测量人员必须持证上岗，明确职责，严格遵守岗位责任制度，搞好工程测量工作。

2）工程测量工作在各级技术主管的领导下，实行公司、项目经理部二级管理。对测量人员的使用及调配，须征得测量专业技术委员会的批准。

3）各级工程测量人员须遵守测量工作程序，遵循施工测量工作流程。施工准备阶段，要认真熟悉图纸，根据移交的测量资料做好复测、方案编制等工作；施工阶段要严格控制测量精度，并做好测量记录；工程竣工阶段，做好竣工测量，及时准确地提出测量成果，以满足竣工验收的需要。

4）必须做好测量工作原始记录，坚持复核和签字制度，不得随意涂改和损坏，工程测量资料和测量成果资料应妥善归档保管，装订成册。

5）总承包施工的测量管理纳入公司正常管理。承包队伍的测量人员必须经过测量专业委员会的考评，如上岗证、操作能力等，合格后方可从事工程测量工作。承包队伍的测量工纳入公司测量系统，统一管理。

6）建立测量日志制度。工程测量是先导，测量工作必须有序，坚持填写测量日志，做到一天一总结、一天一计划，这有利于安排工作，提高工作效率和质量。公司测量专业委员会将定期和不定期检查测量人员的测量日志。

（2）机构及人员设置

1）公司设测量专业技术委员会，设主任、副主任、委员等，对公司在编测量人员建立测量人才库。测量专业技术委员会隶属于公司科学技术委员会。

2）公司技术管理部设测量主管1名，全面负责测量系统的管理工作。

3）项目经理部设测量主管1名，并根据工程大小、复杂程度配备测量人员（表2-2）。

（3）工程测量的岗位职责

1）公司测量专业技术委员会。负责本专业培训、学术交流、项目人员考核评定及公司重大测量课题的研究、重大工程的测量定位、验线等事宜。项目选定的测量人员，须经过测量专业委员会考核同意，或者由测量委员会向项目推荐，测量专业委员会对选定的测量人员的业务水平负责。

表 2-2　现场测量人员、设备资源配置

面积或造价	测量管理模式	类型	人员	设 备
5 万 m² 以下	二级管理	普通住宅	3	DJ₂ 经纬仪、DS3 水准仪、函数型计算器,特殊情况下配全站仪、铅垂仪
		复杂场馆、自动化工业厂房	4	
	三级管理	普通住宅	1	
		复杂场馆、自动化工业厂房	2	
(5~10) 万 m²	二级管理	普通住宅	≥4	DJ₂ 经纬仪、DS3 水准仪、函数型计算器,特殊情况下配全站仪、铅垂仪
		复杂场馆、自动化工业厂房	≥6	
	三级管理	普通住宅	1	
		复杂场馆、自动化工业厂房	3	
1 亿元以下	二级管理		≥4	全站仪、自动安平水准仪、对讲机、程序型计算器、微型计算机等
	三级管理		≥2	
1 亿元以上	二级管理		≥5	
	三级管理		≥2	

注：1. 测量人员必须持证上岗。

　　2. 无分包或分包商未配备测量人员的为二级管理。

　　3. 分包商配备测量人员的为三级管理。

2）公司测量主管

① 总体职责

a. 制定公司工程测量管理制度，贯彻执行国家有关测量工作法令、规程及上级规定。

b. 参加公司承建工程的由勘察设计单位组织的交接桩工作，并负责组织复测、加密及有关技术资料的校核。

c. 负责审核大型、复杂、重大建筑工程的测量施工方案。

d. 负责重要建筑物测量放样和重要建筑物重要部位的复测工作。

e. 负责组织市政地下管线竣工测量工作。

f. 总结和推广测量方面的先进技术、经验，组织测量人员的技术培训。

g. 组织对测量事故的分析研究及处理。

h. 负责指导、监督和检查项目部工程测量的业务及管理工作，建立测量人员档案。

i. 建立测量仪器台账。

② 分项职责

a. 市政工程

接桩后,对道路、桥梁、主干管道以及河道等工程的中线、水准点的复测。加密中线、水准点和基线桩的测设,改移、恢复、新建重要主干线的测设与复测。组织工程竣工测量工作。

b. 建筑工程

接桩后,对主要建筑物的轴线、水准点和坐标控制点进行复测并向项目部做定位交桩。负责项目部定位施测后的复测工作。参加单位工程竣工资料的编绘工作。

3)项目总工程师。对工程的测量放线工作负技术责任,审核或审批测量方案,组织工程各部位的验线工作,并在施工测量记录表格上签字认证,组织测量方案的交底工作。

4)项目部测量主管

① 总体职责

a. 负责编制施工测量方案,填写测量工作日志。

b. 接桩后对控制点的点位复测及桩位保护。

c. 建筑物或构筑物的测量放线。

d. 组织或参加工程竣工测量工作。

e. 负责所属范围内测量仪器的定期检查和保养。

f. 负责工程测量技术资料的收集和整理。

② 分项职责

a. 房建工程项目经理部

主持接桩后的复测工作,熟悉、校核设计图纸,制定工程测量工作计划安排及依据施工组织设计要求,编制工程测量施工方案。负责建筑工程定位测量工作,做好现场楼层及垂直度测量放线等,填写工程定位测量等记录表。负责工程测量资料积累保管、整理归档及移交工作。负责项目经理部范围内测量仪器的定期检查和保养工作。负责设计图纸或规范要求的其他变形测量工作。

b. 市政工程项目经理部

主持接桩后的水准点、中线桩的复测工作，熟悉、校核设计图纸，制定工程测量工作计划安排及依据施工组织设计要求，编制市政工程测量施工方案。负责市政工程的放样工作。整理隐蔽及测量竣工资料，参加由公司组织的竣工测量工作。负责项目经理部范围内测量仪器的定期检查和保养工作。负责设计图纸或规范要求的其他变形测量工作。

（4）交接桩及护桩制度

1）交接桩工作由建设单位主持。公司测量主管及项目测量主管参加，在现场由勘察设计单位直接进行交接桩工作。

2）交接桩测量资料必须齐全，并应附标桩示意图，标明各种标桩平面位置和标高，必要时附文字说明。依照资料进行现场核对，检查和清点标桩。

3）交接桩时，各主要标桩应完整、稳固。交桩后，公司测量班立即组织测量人员进行复测，如发现问题，及时提交交接单位研究解决。

4）交接桩工作办理完毕后，必须履行手续，填写交接桩记录表，一式三份，建设单位、交接单位、施工单位各一份，交接桩记录表存入工程档案。

5）为确保测量工作顺利进行和方便施工，各级测量人员必须对标桩妥善保护。要设置明显标志，以防损坏。在繁忙地段应设三脚架进行保护，必要时加设护桩。

6）加强对施工人员进行教育，注意保护测量标桩。测量人员应定期巡视标桩，检查保护情况。所有测量标桩未经工程技术负责人同意，不得破坏。

7）在施工范围内的标桩附近需搭设临时建筑物或堆放材料时，必须事先与现场测量人员取得联系，同意后方可实施，以免损坏测量标桩或影响测量视线。

（5）施工测量方案与技术交底

1）建筑小区工程、大型复杂建筑物、特殊工程的施工，均应按《建筑工程施工测量规程》中有关"施工测量方案的编制"的要求编制施工测量方案。

2）施工测量方案由测量专业人员会同技术部门共同编写，但应保证在各阶段施工前完成。

3）施工测量方案编制完成后，应由施工单位的技术、生产、安全等有关部门会签，由项目总工程师负责审批。

4）施工测量方案审批后，由编制者进行施工测量交底。

（6）施工测量放线的实施

1）施工测量各项内容的实施应按照方案和技术交底进行，遇到问题应及时会同有关技术部门进行方案调整，补充或修改方案。

2）施工测量中，必须遵守"先整体后局部"的工作程序。即先测设精度较高的场地整体控制网，再以控制网为依据进行局部建筑物的定位、放线。

3）施工测量前，必须严格审核测量起始依据（设计图纸、文件、测量起点位、数据）的正确性，坚持测量作业与计算工作步步有校核的工作方法。

4）实测时，应做好原始记录。施工测量工作的各种记录应真实、完整、正确、工整，并妥善保存，对于需要归档的各种资料，应按施工资料管理规程整理及存档。

5）每次施工测量放线完成后，按施工资料管理规程要求，测量人员应及时填写各项施工测量记录，并提请质量检查员进行复测。

（7）工程定位及测量复核

1）在工程测量前，项目测量人员必须对有关设计图纸的测量定位依据进行核算，如发现问题，及时向技术主管部门或公司测量主管汇报核实，以便与建设单位及设计单位协商。

2）为避免测量差错，所有测量内业和计算资料必须由两人复核，测量内容、成果等要详细填入测量手簿内，并签好姓名及日期，记好工作日志。

3）标桩要经常检查并做好记录，如果经过机械振动、雨雪后，应及时复测、调整。

4）质量检查员应对施工测量记录的内容进行复测检查，并与测量人员办理自检记录。

5）施工测量放线自检完成后，由质量检查员报请监理验收。

6）施工测量放线验收通过后，由测量人员向下一工序的班组进行交接，并办理交接检查记录。

7）项目定位（复核）由公司组织测量专业委员会成员进行，并规定摞底线（含槽底标高）、±0.000平面轴线（含标高）、工程竣工测量，由公司测量专业技术委员会把关，不合格的不能进入下一步工序。

（8）施工中的变形观测

1）规范或设计要求进行新建筑物变形观测的项目，由建设单位委托有资质的单位完成，施测单位应按变形观测方案定期向建设单位提交观测报告，建设单位应及时向设计及土建施工单位反馈观测结果。

2）施工现场邻近建（构）筑物的安全监测、邻近地面沉降监测的范围与要求，由设计单位确定，并由建设单位委托有资质的单位完成。施测单位应按变形观测方案，定期向建设单位提交观测报告。建设单位应及时向设计单位及土建施工单位反馈观测记录。

3）护坡的变形观测及重要施工设施的安全监测，由专业施工单位确定和完成，并应编写变形观测方案，及时整理观测结果，保证施工中的安全。

（9）工程竣工测量。施工测量必须保证建筑物或构筑物位置正确，其精度符合设计和施工技术规范要求。在工程施工中，必须根据有关规定要求，及时安排竣工测量工作。工程竣工后，及时提交竣工资料。

（10）测量仪器管理

1）公司范围内使用的所有仪器（全站仪、铅垂仪、经纬仪、水准仪等）全部由公司统一采购、统一年检、统一调配，费用列入公司管理费用。项目经理部使用上述仪器时，由项目总工程师或测量人员写报告，向公司租赁仪器，并签订租赁协议，租赁收入冲销管理费用。项目租赁使用仪器时，负责仪器的安全和保养。如果损坏了仪器，使用单位应按仪器的当时价值赔偿。其他如塔尺、钢卷尺等小型测设工具，由经理部自行购置并负责年检。

2）测量人员在使用仪器前，必须熟悉和掌握测量操作规程。

3）所用测量仪器必须定期检测，对于检测不合格或超出检测时间的仪器，不得使用。新购置的测量仪器必须进行检测，在充分了解测量仪器的性能后方可使用。

4）精密测量仪器必须由测量负责人或在其指导下使用。测量人员在使用测量仪器过程中，必须坚守岗位，不得擅自离开测量仪器。雨天、烈日下测量应打伞。

5）测量仪器必须由专人保管，随时清点仪器附件并经常擦拭，定期加润滑油。在平房中，仪器不得放在地上，以免受潮。

（11）测量成果整理与积累

1）测量成果的计算资料必须做到记录真实、字迹清楚、计算正确、格式统一，并装订成册，妥善保管。

2）原始记录必须做到清楚、工整，不得涂改、后补。每一单位工程完毕后，必须及时整理测量资料。凡纳入工程技术档案内的，应按规定整理好，方可交技术部门入档，不入档的应保留到工程竣工验收一年后，方可处理。

（12）附则。

2. 测量员岗位职责

（1）认真学习和执行国家法令、政策与规范。在项目工程师的指导下工作，并对自己的工作质量负责。

（2）施工前必须熟悉图纸并进行图纸会审、设计交底，编制测量方案。

（3）定位放线工作必须执行自检、互检程序，合格后由负责部门校验。实测要当场做好原始记录，测后要保护好桩位。

（4）测量计算应依据正确、方法科学、计算有序、步步校核、结果可靠。

（5）正确使用和维护测量仪器，按计划做好仪器的周期检定工作。

（6）对工程轴线定位、标高控制、建筑物垂直度等负责。

（7）认真做好以下工作

1）房屋基础测设，轴线、引桩、龙门板设置，楼层轴线投测，楼面高层传递。

2）厂房控制网建立，柱列轴线与柱基的测设，柱子吊装测量。

3）高层建筑基础及基础定位轴线测设，垂直度的观测，标高测设及水平度的控制。

4）管道选线及中线测量，烟囱、厂区道路测量。

5）建筑物的沉降观测、倾斜观测、裂缝观测。

6）及时做好测量原始记录。

7）做好仪器的保养、保管，并经常校验和维护。

8）坚持按照施工规范及操作规程操作，及时建立自检评定资料，办好有关的签订手续。

第四节　常用测量仪器管理与使用要点

一、测量仪器的领用与检查

测量仪器应按规定的手续向有关部门借领使用。借领时应对仪器及其附件进行全面检查，发现问题应立即提出。检查的主要内容是：

（1）仪器有无碰撞伤痕、损坏，附件是否齐全、适用。

（2）各轴系转动是否灵活。各操作螺旋是否有效，校正螺旋有无松动或丢失。水准器气泡是否稳定、有无裂纹。自动安平仪器的灵敏件是否有效。

（3）物镜、目镜有无擦痕，物像和十字线是否清晰。

（4）经纬仪读数系统的光路是否清晰。度盘和分微尺刻划是否清楚、有无行差。

（5）光电仪器要检查电源、电线是否配套、齐全。

二、测量仪器的正确使用要点

1. 仪器的出入箱及安置

仪器开箱时应平放，开箱后应记清主要部件（如望远镜、竖盘、微动螺旋、基座等）和附件在箱内的位置，以便用完后按原样入箱。仪器自箱中取出前，应松开各制动螺旋，一手持基座、一手扶支架将仪器轻轻取出。仪器取出后应及时关闭箱盖，箱体不得坐人。

测站应尽量选在安全的地方。必须在光滑地面安置仪器时，应将三脚尖嵌入地面缝隙内或用绳将三脚架捆牢。安置脚架时，要选好三足方向，架高适当，架首大致水平，仪器放在架首上后应立即旋紧连接螺旋。

观测结束后仪器入箱前，应先将定平螺旋和微动螺旋退回至正常位置，并用软毛刷除去仪器表面灰尘，再按出箱时的原样就位入箱。箱盖关闭前应将各制动螺旋轻轻旋紧，检查附件齐全后可轻关箱盖，箱口匹配方可上锁。

2. 仪器的一般操作

仪器安置后必须有人看护，看护人员不得离开，并要注意防止上方有物坠落。所有操作均应手轻、心细、稳重。定平螺旋应尽量保持等高。制动螺旋应松紧适当，不可过紧。微动螺旋在微动卡中间一段移动，以保持微动效用。操作中应避免用手触及物镜、目镜。烈日下或下零星小雨时应打伞遮挡。

3. 仪器的迁站、运输和存放

迁站前，应将望远镜直立（物镜朝下），各部制动螺旋微微旋紧；光电仪器要断电并检查连接螺旋是否旋紧。迁站时，脚架合拢后，置仪器于胸前，一手携脚架于肋下，一手紧握基座。持仪器前行时，要稳步行走。仪器运输时不可倒放，更要注意防振、防潮。严禁在自行车货架上放置仪器。

仪器应存放在通风、干燥、常温的室内。仪器柜不得靠近热源。

三、测量仪器的检验与校正要点

水准仪和经纬仪应根据使用情况，每隔 2～3 个月对主要轴线关系进行检验和校正。仪器检验和校正应选在无风、无振动干扰环境中进行。各项检验、校正须按规定的程序进行。每项校正，一般需反复几次才能完成。拨动校正螺旋前，应先辨清其松紧方向。拨动时，用力要轻、稳，螺旋应松紧适当。每项校正完毕，校正螺旋应处于旋紧状态。

各类仪器如发生故障，切不可乱拆乱卸，应送专业修理部门修理。

四、光电仪器的使用要点

使用电磁波测距仪或激光准直仪时，一定要注意电源的类型（交流或直流）和电压与光电设备的额定电源是否一致。有极性要求的插头和插座一定要正确接线，不得颠倒。使用干电池的电器设备，正负极不能装反，新旧电池不要混合使用，设备长期不用，要把电池取出。

使用仪器前，先要熟悉仪器的性能及操作方法，并对仪器各主要部件进行必要的检验和校正。使用激光仪器时，要有 30~60min 的预热时间。激光对人眼有害，故不可直视光源。

使用电磁波距测仪时，先要检查棱镜与仪器主机是否配套，严禁将镜头对准太阳或其他强光源；观测时，视场内只能有一个反光棱镜，避免测线两侧及反光棱镜后方有其他光源和反射体，更要尽量避免逆光观测。在阳光下或小雨天气作业时均要打伞遮挡，以防阳光射入接收物镜而烧坏光敏二极管或防止雨水淋湿仪器造成短路。迁站或运输时，要切断电源并防止振动。

五、钢卷尺、水准尺与标杆的使用

1. 钢卷尺

钢卷尺性脆易折，使用时要严禁人踩、车碾，遇有扭结打环，应解开后再拉尺，收尺时不得逆转。钢卷尺受潮易锈，遇水后要用布擦干；较长时间存放时，要涂润滑油。在施工现场使用时，要特别注意防止触电伤尺、伤人。钢卷尺尺面刻划和注记易受磨损和锈蚀，量距时要尽量避免拖地而行。

2. 水准尺与标杆

水准尺与标杆在施测时均应由测工认真扶好，使其竖直，切不可将尺自立或靠立。塔尺抽出时，要检查接口是否准确。水准尺与标杆一般均为木制或铝制，使用及存放时均应注意防水、防潮和防变形，尺面刻划与漆皮应精心保护，以保持清晰。铝制尺、杆要严禁触及电力线。

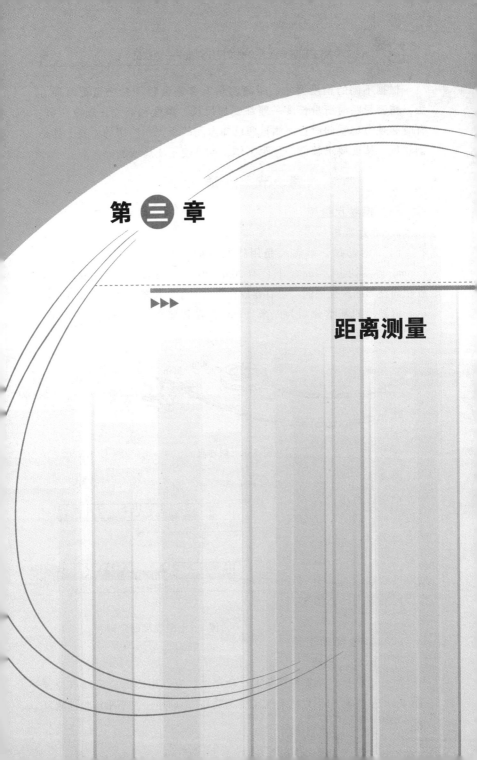

第 三 章

▶▶▶

距离测量

　　根据不同的精度要求，距离测量有普通量距和精密量距两种方法。精密量距时所量长度一般都要加尺长、温度和高差三项改正数，有时必须考虑垂曲改正。测量两已知点间的距离，使用的主要工具是钢卷尺。精度要求较低的量距工作，也可使用皮尺或测绳。

第一节　普通量距

一、钢卷尺量距

1. 测量工具

　　（1）钢卷尺。钢卷尺是用钢制成的带状尺，尺的宽度为 10 ~ 15mm，厚度约为 0.4mm，长度有 20m、30m、50m 等几种。钢卷尺有卷放在圆盘形的尺壳内的，也有卷放在金属或塑料尺架上的，如图 3-1 所示。钢卷尺的基本分划为厘米（cm），在每厘米、每分米及每米处，印有数字注记。

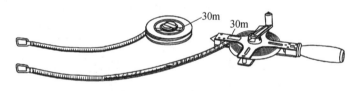

图 3-1　钢卷尺

　　根据零点位置的不同，钢卷尺有端点尺和刻线尺两种。端点尺是以尺的最外端作为尺的零点，如图 3-2a 所示；刻线尺是以尺前端的一条分划线作为尺的零点，如图 3-2b 所示。

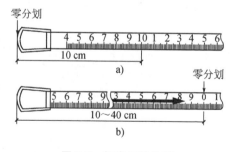

图 3-2　钢卷尺的分刻

a）端点尺　b）刻线尺

　　（2）其他辅助工具。有测钎、标杆、垂球，精密量距时还需要有弹簧秤、温度计和尺夹。测钎用于标定尺端点位置（图 3-3a）；标杆用于直线定线（图 3-3b）；垂球用于在不平坦地面测量时，将钢卷尺的端点垂直投影到地面；弹簧秤用于对钢卷尺施加规定的拉力（图3-3c）；温度计用于测定钢卷尺量距时的温度（图3-3d），以便对钢卷尺测量的距离进行温度改正；尺夹用于安装在钢卷尺末端，以方便持尺员稳定钢卷尺。

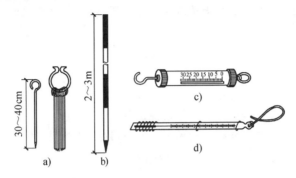

图3-3　钢卷尺量距的辅助工具

a）测钎　b）标杆　c）弹簧秤　d）温度计

2. 测量方法

（1）平坦地面的距离测量。测量工作一般由两人进行。如图3-4所示，清除待量直线上的障碍物后，在直线两端点 A、B 竖立标杆，后尺手持钢卷尺的零端位于 A 点，前尺手持钢卷尺的末端和一组测钎沿 AB 方向前进，行至一个尺段处停下。后尺手用手势指挥前尺手将钢卷尺拉在 AB 直线上，后尺手将钢卷尺的零点对准 A 点。当两人同时将钢卷尺拉紧后，前尺手在钢卷尺末端的整尺段长分划处竖直插下一根测钎（在水泥地面上测量插不下测钎时，可用油性笔在地面上画线做记号）得到1点，即量完一个尺段。前、后尺手抬尺前进，当

图3-4　平坦地面的距离测量

后尺手到达插测钎或画记号处时停住。重复上述操作，量完第二尺段。后尺手拔起地上的测钎，依次前进，直到量完 AB 直线的最后一段为止。

最后一段距离一般不会刚好为整尺段的长度，称为余长。测量余长时，前尺手在钢卷尺上读取余长值，则最后 A、B 两点间的水平距离为

$$D_{AB} = n \times 尺段长 + 余长 \qquad (3-1)$$

式中　n——整尺段数。

在平坦地面，钢卷尺沿地面测量的结果就是水平距离。为了防止测量中发生错误和提高量距的精度，需要往返测量。上述为往测，返测时要重新定线。往返测量距离较差的相对误差 K 为

$$K = \frac{|D_{AB} - D_{BA}|}{\overline{D}_{AB}} \qquad (3-2)$$

式中　$\overline{D}_{AB}$——往返测量距离的平均值。

在计算距离较短的相对误差时，一般将分子化为 1 的分式，相对误差的分母越大，说明量距的精度越高。对于钢卷尺量距导线，钢卷尺量距往返测量较差的相对误差一般不应大于 1/3000，在量距较困难的地区，其相对误差也不应大于 1/1000。当量距的相对误差没有超过规定时，取距离往、返测量的平均值 $\overline{D}_{AB}$ 作为两点间的水平距离。

（2）倾斜地面的距离测量

1）平尺测量法。在斜坡地段测量时，可将尺的一端抬起，使尺身水平。若两尺端高差不大，可用线坠向地面投点，如图 3-5a 所示。若地面高差较大，则可利用垂球架向地面投点，如图 3-5b 所示。若量整尺段不便操作，可用零尺段测量。一般来说，从上坡向下坡测量

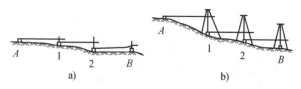

a)　　　　　　　　　　　b)

图 3-5　倾斜地面平尺测量法

比较方便，因为这时可将尺的 0 端固定在地面桩上，尺身不致窜动。平尺测量时应注意：定线要直；垂线要稳；尺身要平；读数要与垂线对齐；尺身悬空大于 6m 时，要设水平托桩。

2）斜距测量法。如图 3-6 所示，先沿斜坡量尺，并测出尺端高差，然后计算水平距离。计算有下列两种方法：

① 三角形计算法。在直角三角形中，按勾股弦定理，水平测量记录可参照表 3-1 填写。表中用的是一把 50m 钢卷尺，已知该尺名义长度比标准尺长 8mm，测量温度为 25℃，测得 AB 两点间高差为 6.50m，BC 两点高差 1.60m，数值考虑了比长、温度、拉力、垂曲及倾斜等项的改正。

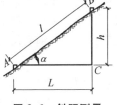

图 3-6 斜距测量

表 3-1 水平测量记录

距离测量后簿									
工程名称				日期 年 月 日 记录					
钢卷尺号 3#(50m)				钢卷尺实长 50.008m					
钢卷尺检定拉力 100N(10kg)				钢卷尺检定温度 20℃					
尺段编号	实测次数	前尺读数/m	后尺读数/m	尺段长度/m	测量温度/℃	高差/m	温差改正/mm	尺长改正/mm	改正后高差/mm	实际距离/m
A-B	1 2 3 平均	45.400 45.400 45.400	0.029 0.025 0.030	45.371 45.375 45.370 45.372	25	6.500	+3	+7	−468	 44.914
B-C	1 2 4 平均	48.000 48.000 48.000	0.043 0.048 0.041	47.957 47.952 47.959 47.956	25	1.600	+3	+8	−27	 47.940
……	……	……	……	……	……	……			
总和										92.854

② 三角函数法。在图 3-6 中，若知道斜坡面与水平线之间的倾斜角，则可利用三角函数关系计算水平距离。

$$L = l\cos\alpha \tag{3-3}$$

3. 钢卷尺量距的改正数

（1）钢卷尺尺长改正数的理论公式。用钢卷尺测量空间两点间的距离时，因钢卷尺本身有尺长误差（或刻划误差），在两点之间测量的长度不等于实际长度，此外，因钢卷尺在两点之间无支托，使尺下挠引起垂曲误差，为使下挠垂曲小一些，需对钢卷尺施加一定的拉力，此拉力又势必使钢卷尺产生弹性变形，在尺端两桩高差为零的情况下，可列出钢卷尺尺长改正数理论公式的一般形式为

$$\Delta L_i = \Delta C_i + \Delta P_i - \Delta S_i \qquad (3-4)$$

式中　ΔL_i——零尺段尺长改正数；

　　　ΔC_i——零尺段尺长误差（或刻划误差）；

　　　ΔS_i——钢卷尺尺长垂曲改正数；

　　　ΔP_i——钢卷尺尺长拉力改正数。

钢卷尺上的刻划和注字，表示钢卷尺名义长度，由于钢卷尺设备制造、工艺流程和控制技术的影响，会有尺长误差，为了保证量距的精度，应对钢卷尺做检定，求出尺长误差的改正数。

检定钢卷尺长度（水平状态）是在野外钢卷尺基线场标准长度上，每隔 5m 设一托桩，以比长方法施以一定的检定压力，检定 0～30m 或 0～50m 刻划间的长度，由此可按通用公式计算出尺长误差的改正数

$$\Delta L_{平检} = L_基 - L_量 \qquad (3-5)$$

式中　$\Delta L_{平检}$——钢卷尺水平状态检定拉力 P_0、20℃时的尺长误差改正数；

　　　$L_基$——比尺长基线长度；

　　　$L_量$——钢卷尺量得的名义长度。

当钢卷尺尺长误差分布均匀或为系统误差时，钢卷尺尺长误差与长度成比例关系，则零尺段尺长误差的改正公式为

$$\Delta C_i = \frac{L_i}{L} \cdot \Delta L_{平检} \qquad (3-6)$$

式中　ΔC_i——零尺段尺长误差改正数；

　　　L_i——零尺段长度；

　　　L——整尺段长度。

所求得的尺长改正数亦可送有资质的单位去做检定。

（2）温度改正。钢卷尺的长度是随温度而变化的。钢的线胀系数 α 一般为 $0.0000116 \sim 0.0000125$，为了简化计算工作，取 $\alpha = 0.000012$。若量距时的温度 t 不等于钢卷尺检定时的标准温度 t_0（t_0 一般为 20℃），则每一整尺段 L 的温度改正数 ΔL_t 按下式计算

$$\Delta L_t = \alpha(t - t_0)L \qquad (3-7)$$

（3）垂曲改正。如果钢卷尺在检定时，尺间按一定距离设有水平托桩，或沿水平地面测量，而在实际作业时不能按此条件量距，须悬空测量，钢卷尺必然下垂，此时对所量距离必须进行垂曲改正。

垂曲改正数按下式计算

$$\Delta l = -\frac{W^2 \times L^3}{24 \times P^2} \qquad (3-8)$$

式中　W——钢卷尺每米重量（N/m）；

　　　L——尺段两端间的距离（m）；

　　　P——拉力（N）。

例如，$L = 28\text{m}$，$W = 0.19\text{N/m}$，$P = 100\text{N}$ 代入上式，则

$$\Delta l = -\frac{0.19^2 \times 28^3}{24 \times 100^2}\text{mm} = -3.3\text{mm}$$

（4）拉力改正。钢卷尺长度在拉力作用下有微小的伸长，用它测量距离时，读得的"假读数"必然小于真实读数，所以应在"假读数"上加拉力改正数，此改正数可用材料力学中的虎克定律算出，而在弹性限度内，钢卷尺的弹性伸长与拉力的关系式为

$$\Delta P_i = \frac{PL_i}{E \cdot F} \qquad (3-9)$$

因钢卷尺尺长误差的改正数，已含有 P_0 拉力的弹性伸长，则上式改为

$$\Delta P_i = \frac{L_i}{E \cdot F}(P - P_0) \qquad (3-10)$$

令

$$G = \frac{1}{E \cdot F} \qquad (3-11)$$

$$\Delta P_i = G \cdot L_i \cdot (P - P_0) \qquad (3-12)$$

式中 P——测量时的拉力；

    P_0——检定时的拉力；

    L_i——零尺段长度；

    G——钢卷尺延伸系数。

通常，在实际测量距离时所使用的拉力，总是等于钢卷尺检定时所使用的拉力，因而不需进行拉力改正。

4. 钢卷尺的检定

（1）自检。以经过检定的钢卷尺作为标准尺，把被检尺与标准尺进行比较。方法是：选择平坦场地，两把尺的长度应相等（都是30m或50m），两尺平行摆放，先将两尺的0刻划线对齐，然后施以同样大小的拉力，则被检尺与标准尺整尺段的差值就是被检尺的误差。如图3-7中30m处的刻划差。这种检验方法要经过三次以上的重复比较，最后取平均差值作为检定成果。经检定过的钢卷尺要在尺架上编号，注明误差值，以备精密测量使用。

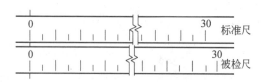

图3-7　比较法检定钢卷尺

（2）送检。将尺送专业部门检定，由专业部门提供检验成果。

二、直线定线

1. 两点间定线

（1）经纬仪定线。如图3-8所示，做法如下：

1）将经纬仪安置在 A 点，在任意度盘位置照准 B 点。

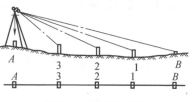

图3-8　经纬仪定线

2）低转望远镜，一人手持木桩，按观测员指挥，在视线方向上根据尺段所需距离定出 1 点，然后再低转望远镜依次定出 2 点。则 A、2、1、B 点在一条直线上。

（2）目测法定线。如图 3-9 所示，做法如下：

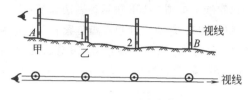

图 3-9 目测法定线

1）先在 A、B 点分别竖直立好花杆，观测员甲站在 A 点花杆后面，用单眼通过 A 点花杆一侧瞄准 B 点花杆同一侧，形成连线。

2）观测员乙拿一花杆在待定点 1 处，根据甲的指挥左、右移动花杆。当甲观测到三根花杆成一条直线时，喊"好"，乙即可在花杆处标出 1 点，A、1、B 在一条直线上。

3）同法可定出 2 点。根据同样道理，也可做直线延长线的定线工作。

2. 过山头定线

若两点间有山头，不能直接通视，可采用趋近法定线。

（1）目测法。如图 3-10a 所示，做法如下：

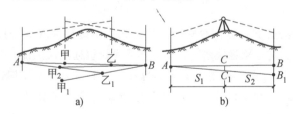

图 3-10 过山头定线

1）甲选择既能看到 A 点又能看到 B 点，且靠近 AB 连线的一点甲$_1$立花杆，乙拿花杆根据甲的指挥，在甲$_1$B 连线上定出乙$_1$点，乙$_1$点应靠近 B 点，但应看到 A 点。

2）甲按乙的指挥，在乙$_1$A 连线上定出甲$_2$点，甲$_2$应靠近 A 点，且能看到 B 点。

这样互相指挥，逐步向 AB 连线靠近，直到 A、甲、乙在一条直线上，同时甲、乙、B 也在一条直线上为止，这时 A、甲、乙、B 四点便在一条直线上。

（2）经纬仪定线。如图 3-10b 所示，做法如下：

1）将经纬仪安置在 C_1 点，任意度盘位置，正镜后视 A 点，然后转倒镜观看 B 点，由于 C_1 点不可能恰在 AB 连线上，因此，视线偏离到 B_1 点。量出 BB_1 距离，按相似三角形比例关系

$$S_1 : CC_1 = (S_1 + S_2) : BB_1$$

$$CC_1 = \frac{S_1 \times BB_1}{(S_1 + S_2)} \tag{3-13}$$

S_1、S_2 的长度可以目测。

2）将仪器向 AB 连线移动 CC_1 距离，再按上述方法进行观测。若视线仍偏离 B 点，再进行调整，直到 A、C、B 在一条直线上为止。

3. 正倒镜法定线

如图 3-11 所示，要求把已知直线 AB 延长到 C 点。具体做法如下：

图 3-11　正倒镜法定线

将仪器安于 B 点，对中调平后，先以正镜后视 A 点，拧紧水平制动螺旋，防止望远镜水平转动，然后纵转望远镜成倒镜，在视线方向线上定出 C_1 点。放松水平制动螺旋，再平转望远镜用倒镜后视 A 点，拧紧水平制动螺旋，又纵转望远镜成正镜，定出 C_2 点。若 C_1、C_2 两点不重合，则取 C_1、C_2 点的中间位置 C 作为已知直线 AB 的延长线。为了保证精度，规定直线延长的长度一般不应大于后视边长，以减少对中误差对长边的影响。

4. 延伸法定线

如图 3-12 所示，要求把已知直线 AB 延长到 C 点。具体做法如下：

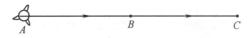

图 3-12　延伸法定线

将仪器安于 A 点，对中调平后，以正镜照准 B 点，拧紧水平制动螺旋；然后，抬高望远镜，在前视方向线上定出 C 点，此 C 点就是 AB 直线的延长线。

5. 绕障碍物定线

图 3-13 中，欲将直线 AB 延长到 C 点，但有障碍物不能通视，可利用经纬仪和钢卷尺相配合，用测等边三角形或测矩形的方法绕过障碍物，定出 C 点。

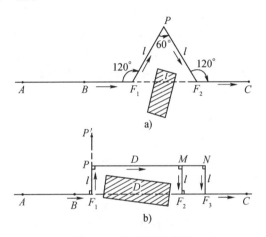

图 3-13　绕障碍物定线

（1）等边三角形法。等边三角形的特点是三条边等长，三个内角都等于 $60°$。在图 3-13a 中先作直线 AB 的延长线，定出 F_1 点，移仪器于 F_1 点，后视 A 点，顺时针测 $120°$，定出 P 点。移仪器于 P 点，后视 F_1 点，顺时针测 $360°$，按 $PF_2 = PF_1$ 定出 F_2 点。移仪器于 F_2 点，后视 P 点，顺时针测 $120°$ 定出 C 点。并且得知 $PF_1 = PF_2 = F_1F_2 = 1$。

（2）矩形法。矩形的特点是对应边相等，内角都等于 $90°$。在图 3-13b 中先作直线 AB 的延长线，定出 F_1 点；然后用测直角的方法，按箭头指的顺序，依次定出 P、M、N、F_2、F_3，最后定出 C 点。为减少后视距离短对测角误差的影响，可将图中转点 P 的引测距离适当加长。

第二节 视距测量法

视距测量法是一种间接测距方法，它是利用测量仪器望远镜内十字丝分划板上的视距丝及刻有厘米分划的视距标尺，根据光学原理，同时测定两点间的水平距离和高差的一种快速测距方法。

用有视距装置的测量仪器，按光学和三角学原理测定水平距离和高差的方法，称为"视距测量"。水准仪、经纬仪和平板仪的望远镜中，都设有视距丝，即"视距装置"。

视距测量操作简便，不受地形起伏变化的影响，只要测站上的仪器能看到测点上的立尺，便可迅速测算出两点间的水平距离和高差。但精度不高，多用于地形测量中测地形、地物特征点（称为"碎部点"）。

一、测量仪器及操作

1. 激光经纬仪

（1）激光经纬仪的构造。图3-14是某仪器厂生产的激光经纬仪，它以 DJ$_2$ 光学经纬仪为基础，在望远镜上加装一只 He-Ne 气体激光器而成。由激光器发出的光束，经过一系列棱镜、透镜、光阑进入经纬仪的望远镜中（图3-15），再从望远镜的物镜端射向目标，并在目标处呈一明亮清晰的光斑（图3-16）。

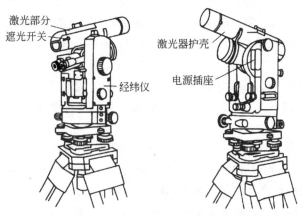

图3-14 激光经纬仪

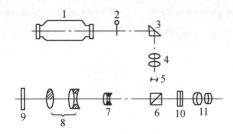

图 3-15　光束射程

1—He-Ne 气体激光器　2—遮光开关　3—反射棱镜　4—聚光镜组
5—针孔光阑　6—分光棱镜组　7—望远镜调焦镜组　8—望远镜
物镜组　9—波带片　10—望远镜分划板　11—望远镜目镜组

a)

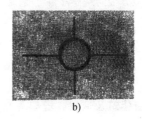

b)

图 3-16　激光目标光斑

（2）激光经纬仪的操作。激光经纬仪的经纬仪部分的操作方法
与 DJ$_2$ 光学经纬仪相同。下面介绍激光器中的特殊操作方法。

1）把激光器的引出线接上电源。注意在使用直流电源时不能接
错正、负极。

2）开启电源开关，指示灯发亮，并可听到轻微的"嗡嗡"声。
旋动电流调节旋钮，使激光电源工作在最佳电流值下（一般为 3 ~
7mA），便有最强的激光输出。激光束即通过棱镜、透镜系统进入望
远镜，由望远镜物镜端发射出去。

3）观测完毕后，先将电源开关关断。此时，指示灯熄灭，激光
器停止工作，然后拉开电源。

4）激光器工作时，遮光开关及波带片两个部件，可根据需要分
别用它们的旋钮控制使用。

（3）激光经纬仪的特点和应用。激光经纬仪除具有普通经纬仪

的技术性能，可做常规测量外，又能发射激光，供做精度较高的角度坐标测量和定向准直测量。它与一般工程经纬仪相比，有如下的特点。

1）望远镜在垂直（或水平）平面上旋转，发射的激光可扫描形成垂直（或水平）的激光平面，在这两个平面上被观测的目标，任何人都可以清晰地看到。

2）一般经纬仪的作业场地较狭小，安置仪器逼近测量目标时，如仰角大于50°，就无法观测。激光经纬仪主要依靠发射激光束来扫描定点，可不受场地狭小的影响。

3）激光经纬仪可向天顶发射一条垂直的激光束，用它代替传统的垂球吊线法测定垂直度，不受风力的影响，施测方便、准确、可靠。

4）能在夜间或黑暗场地进行测量工作。

由于激光经纬仪具有上述的特点，特别适合做以下的施工测量工作：

① 高层建筑及烟囱、塔架等高耸构筑物施工中的垂直度观测和准直定位。例如某电厂180m钢筋混凝土烟囱滑模施工中，用一台 KASSEL 型经纬仪，加装一个 He-Ne 激光管，制成激光对中仪（图3-17），将仪器置于地下室烟囱中心点上，将激光的阴极对准中心点，调整经纬仪水准管，使气泡居中；严格整平后，进行望远镜调焦，使光斑直径最小，这时仪器射出的激光束，出现在平台接受靶上，即可测出烟囱的中心。由于使用激光对中仪对中，比用传统的垂球对中节约时间，提高了精度，并可随时检查筒身中心线，便于及时纠偏。测设结果：180m高的烟囱，

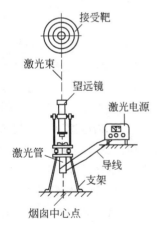

图3-17　激光对中仪

滑升到顶时，中心偏差只有1.2cm，为国家规范允许偏差18cm的1/15。

② 结构构件及机具安装的精密测平和垂直度控制测量。如图 3-18 所示，用两台激光经纬仪置于柱基互相垂直的两条轴线上，在场地狭小的情况下，可以比一般经纬仪更靠近柱子。安置、对中、整平等手续同一般经纬仪。转动望远镜，打开遮光开关，发射激光束，使光斑沿柱的平面轴线扫描到柱脚，校正柱脚位置后缓缓仰视柱顶，如柱的轴线与光斑偏离（人人都可看到），可立即进行校正。两台激光经纬仪发射的光斑都正对柱的轴线时，即为柱的正确位置。

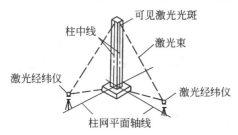

图 3-18　用激光经纬仪定柱

③ 管道敷设及隧道、井巷等地下工程施工中的轴线测设与导向测量工作。

2. 光电测距仪

（1）光电测距仪的构造，如图 3-19 所示。

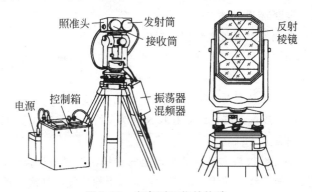

图 3-19　光电测距仪的构造

光电测距仪是在经纬仪上加装光电测距主机（一般是配套的，什么型号的光电测距主机配什么型号的经纬仪），另外配一套反射棱镜。

（2）光电测距仪的用途。如图 3-20 所示，为了测量 A、B 两点之间的距离，在 A 点安置光电测距仪主机，在 B 点安置反光棱镜。对中、整平后，开启光电测距仪。发射望远镜发出一水平激光束射向 B 点反光棱镜，经过反射的激光束仍以水平方向折回 A 点，接收望远镜能够把折回的激光束调制、放大并精确地测出 A、B 两点的距离，且可直接在数字显示器上显示出来。它的测距精度根据仪器不同而各异，一般的光电测距仪的精度可达 $\pm 5\text{mm} + 10\text{ppm} \cdot D$。

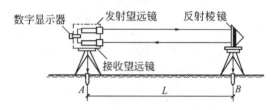

图 3-20 光电测距仪使用示意

（3）光电测距仪的检验与校正

1）委托检定。送有关部门检验与校正。

2）自检。自检必须具有一定的检定设备，且对光电测距相当熟悉，目前国内使用的光电测距仪品种相当多，建议送有关部门检定。

二、视距测量的方法

（1）在测站上安置经纬仪，对中、整平。

（2）用皮尺量得经纬仪望远镜水平轴中心到测站点地面的铅垂距离，称为"仪器高"（注意视距测量的仪器高与水准测量的仪器高称呼相同，但意义不同，不能混为一谈），用 i 表示。在视距尺或水准尺上，用橡皮筋或红色线系在尺读数为 i 的地方，便于照准。将尺竖直立于测点上。

（3）用经纬仪望远镜照准测点上的立尺，旋紧望远镜固定扳手，调整望远镜微动螺旋使十字丝横丝正对尺上橡皮筋或红线附近，同时使视距丝上丝正对尺读数处为一整分划处，读上、下丝截得的尺读数，两者之差称为"尺间隔数"（l）。记入视距测量手簿。

（4）再调整镜管微动螺旋，使十字丝横丝正对尺上橡皮筋或红线的地方（即尺读数为 i），读垂直角（α），亦记入手簿。

（5）用下列公式即可计算测站与测点间的水平距离（d）和高差（h）。

$$d = kl\cos^2\alpha \qquad\qquad (3-14)$$

$$h = \frac{1}{2}kl\sin2\alpha$$

式中　k——视距常数。一般经纬仪，$k = 100$。

三、视距测量公式的推证

如图 3-21 所示，PQ 垂直于望远镜视线，设在 PQ 线上读得尺间隔数为 l'。光学经纬仪的视距常数 k，在制造时即满足下列关系

$$k = \frac{两点间距离\ d'}{尺间隔数\ l'} = 100$$

所以　$d' = kl'$　（3-15）

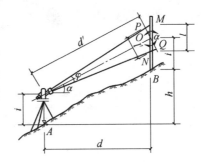

图 3-21　视距测量公式的推证

图中，$\triangle OMP$ 及 $\triangle ONQ$，因 α 角较小，故 $\angle OPM = \angle OQN$，且近似等于一直角。

又　$l' = OP + OQ = OM\cos\alpha + ON\cos\alpha (OM + ON)\cos\alpha = l\cos\alpha$

代入式（3-15）

$$d' = kl' = kl\cos\alpha$$

由图 3-21

$$d = d'\cos\alpha = kl\cos^2\alpha$$

此即式（3-14）

又　　$d' = kl\cos\alpha$

$$h = d'\sin\alpha = kl\cos\alpha\sin\alpha = kl\sin\alpha\cos\alpha$$

$$= \frac{1}{2} \times 2 \times kl\sin\alpha\cos\alpha = \frac{1}{2}kl2\sin\alpha\cos\alpha = \frac{1}{2}kl\sin2\alpha$$

如 A、B 两点位于同一水平面上时，则 $\alpha = 0°$，即两点无高差。

第 四 章

▶▶▶

水准测量

水准测量是利用一条水平视线，并借助水准尺，来测定地面两点间的高差，由已知点的高程推算出未知点的高程的方法。

第一节　水准测量基本原理

如图 4-1 所示，欲测定 A、B 两点之间的高差 h_{AB}，可在 A、B 两点上分别竖立有刻划的尺子——水准尺，并在 A、B 两点之间安置一台能提供水平视线的仪器——水准仪。根据仪器的水平视线，在 A 点尺上读数，设为 a；在 B 点尺上读数，设为 b，则 A、B 两点间的高差为

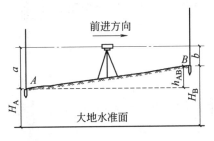

图 4-1　水准测量原理

$$h_{AB} = a - b \qquad (4-1)$$

如果水准测量是由 A 到 B 进行的，如图 4-1 中的箭头所示，由于 A 点为已知高程点，故 A 点尺上读数 a 称为后视读数；B 点为欲求高程的点，则 B 点尺上读数 b 为前视读数。高差等于后视读数减去前视读数。$a > b$，高差为正；反之，为负。

若已知 A 点的高程为 H_A，则 B 点的高程为

$$H_B = H_A + h_{AB} = H_A + (a - b) \qquad (4-2)$$

还可通过仪器的视线高 H_i 计算 B 点的高程，即

$$\left. \begin{array}{l} H_i = H_A + a \\ H_B = H_i + b \end{array} \right\} \qquad (4-3)$$

式（4-2）是直接利用高差 h_{AB} 计算 B 点高程的，称高差法；式（4-3）是利用仪器视线高程 H_i 计算 B 点高程的，称仪高法。当安置一次仪器，要求测出若干个前视点的高程时，仪高法比高差法方便。

第二节　水准测量仪器工具

一、水准尺和尺垫

1. 水准尺

水准尺又称"水准标尺"。有的尺上装有圆水准器或水准管，立

尺时以便检验尺身是否垂直（这是水准测量的基本要求）。一般常用的水准尺有两种。

（1）塔尺。塔尺多是由三节组合的空心木尺组成，因全部抽起后形似宝塔而得名。每节由下至上逐级缩小，不用时可逐节缩进，以便携带或存放，使用时再逐节拉出。各节拉出后，在接合处用弹簧卡口卡住。使用时，要检查卡口弹簧是否卡好。在使用过程中也要经常注意检查，以免尺长产生变动，引起测量结果错误。塔尺的总长一般为 4～5m，如图 4-2a 所示，可用于精度要求不高的水准测量。

（2）双面水准尺。双面水准尺为木制板条状直尺，两面都有刻划尺度，如图 4-2b 所示。全长多为 3～4m，多用于三、四等水准测量。

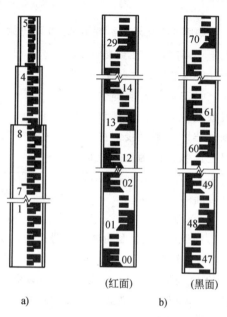

a)　　　　　　　　（红面）　　　（黑面）
　　　　　　　　　　　　b)

图 4-2　两种水准尺

塔尺或双面水准尺，尺面刻划有黑白相间或红白相间的小格，每格为 5mm（图 4-2a）或 1cm（图 4-2b）。在每一分米处标注尺度数字，从 1m 起至 2m 间的分米数上方加一个圆点，2～3m 间的分米数上方加两个圆点，以此类推。例如 5 为 1.5m，7 为 3.7m。数字注记又有正写和倒写两种，如图 4-2b 所示为倒写数字的水准尺。因测量仪器的望远镜成像多为倒像，故倒写的数字在望远镜中读起来变成正像，方便而不易出差错。

双面水准尺的两个尺面都有刻划。一面为黑色，称为"主尺"，也称为"黑尺"；另一面为红色，称为"副尺"，也称为"红尺"。

塔尺的底部和双面尺的黑尺面底部，均为尺的零点；红尺面底部一只为 4.687m，另一只为 4.787m，故双面水准尺由两只尺面刻划不同的尺配成一套，在读尺时用来检核有无差错。测量时，先用黑尺面读数，然后在同一测点上反转尺面，用红尺面读数，如两次读数结果之差为 4.687m ± 0.003m 或 4.787m ± 0.003m，表示读数无错误。否则，应立即重测。

因木质水准尺易变形，使用时间长易朽坏，故现在多改用铝合金尺，既轻便又耐用。

2. 尺垫

尺垫用生铁制成。水准测量时，在立尺点放置尺垫，使用时用脚踩使铁脚嵌入土内，使尺垫紧贴地面，水准尺则竖直立于尺垫中心半圆球顶部，以防施测时尺底下沉，在读尺数时产生误差如图 4-3 所示。

二、微倾式水准仪

水准仪的作用是提供一条水平视线，能照准距水准仪一定距离处的水准尺并读取尺上的读数。通过调整水准仪，使管内水准器气泡居中获得水平视线的水准仪，称为微倾式水准仪；通过补偿器获得水平

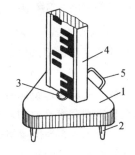

图 4-3　尺垫
1—尺垫　2—铁脚　3—半圆球
4—水准尺　5—提手

视线读数的水准仪，称为自动安平水准仪。本节主要介绍微倾式水准仪的结构。

国产微倾式水准仪的型号有 DS05、DS1、DS3、DS10，其中字母 D、S 分别为"大地测量"和"水准仪"汉语拼音的第一个字母，字母后的数字表示以毫米为单位的、仪器每千米往返测高差中数的中误差。DS05、DS1、DS3、DS10 水准仪每千米往返测高差中数的中误差，分别为 ±0.5mm、±1mm、±3mm、±10mm。

通常称 DS05、DS1 为精密水准仪，主要用于国家一、二等水准测量和精密工程测量；称 DS3、DS10 为普通水准仪，主要用于国家三、四等水准测量和常规工程建设测量。工程建设中，使用最多的是 DS3 微倾式水准仪，如图 4-4 所示。

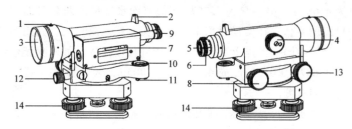

图 4-4   DS3 微倾式水准仪

1—准星　2—照门　3—物镜　4—物镜调焦螺旋　5—目镜　6—目镜调焦螺旋
7—管水准器　8—微倾螺旋　9—管水准器气泡观察窗　10—圆水准器
11—圆水准器校正螺旋　12—水平制动螺旋　13—水平微动螺旋　14—脚螺旋

1. 微倾式水准仪的组成

水准仪主要由望远镜、水准器和基座组成。

（1）望远镜。望远镜用来照准远处竖立的水准尺并读取水准尺上的读数，要求望远镜能看清水准尺上的分划和注记并有读数标志。根据在目镜端观察到的物体成像情况，望远镜可分为正像望远镜和倒像望远镜。图 4-5 为倒像望远镜的结构图，它由物镜、调焦透镜、十字丝分划板和目镜组组成。

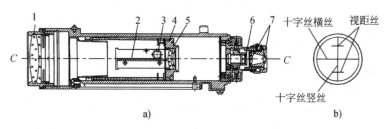

图 4-5   倒像望远镜的结构

1—物镜　2—齿条　3—调焦齿轮　4—调焦镜座
5—物镜调焦螺旋　6—十字丝分划板　7—目镜组

（2）水准器。水准器用于置平仪器，有管水准器和圆水准器两种。

1）管水准器。管水准器由玻璃圆管制成，其内壁磨成一定半径 R 的圆弧，如图 4-6 所示。将管内注满酒精或乙醚，加热封闭冷却后，管内形成的空隙部分充满了液体的蒸气，称为水准器气泡。因为蒸气的相对密度小于液体，所以水准器气泡总是位于内圆弧的最高点。

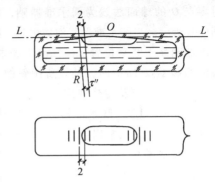

管水准器内圆弧的中点 O 称为管水准器的零点，过零点作内圆弧的切线 LL 称为管水准器轴。当管水准器气泡居中时，管水准器轴 LL 处于水平位置。

图 4-6　管水准器

在管水准器的外表面，对称于零点的左右两侧，刻划有 2mm 间隔的分划线。定义 2mm 弧长所对的圆心角为管水准器的分划值。

$$\tau'' = \frac{2}{R}\rho'' \qquad (4\text{-}4)$$

式（4-4）中，$\rho'' = 206265''$，为弧秒值，即 1 弧度等于 $206265''$；R 为以 mm 为单位的管水准器内圆弧的半径。

分划值 τ'' 的几何意义为：当水准气泡移动 2mm 时，管水准器轴倾斜的角度为 τ''。显然，R 越大，τ'' 越小，管水准器的灵敏度越高，仪器置平的精度也越高，反之置平精度就低。

DS3 水准仪管水准器的分划值为 $20''/2\text{mm}$。

管水准器一般装在圆柱形、上面开有窗口的金属管内，用石膏固定。如图 4-7 所示，一端用球形支点 A，另一端用四个校正螺旋将金属管连接在仪器上。用校正针拨动校正螺旋，可以使管水准器相对于支点 A 做升降或左右移动，

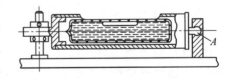

图 4-7　管水准器的安装

从而使校正管水准器轴平行于望远镜的视准轴。

2）圆水准器。圆水准器由玻璃圆柱管制成，其顶面内壁为磨成一定半径 R 的球面，中央刻有小圆圈，其圆心 O 为圆水准器的零点，

过零点 O 的球面法线为圆水准器轴，如图 4-8 所示。当圆水准器气泡居中时，圆水准器轴处于竖直位置；当气泡不居中，气泡偏移零点 2mm 时，轴线所倾斜的角度值称为圆水准器的分划值，用 τ' 表示。τ' 一般为 $8' \sim 10'$。圆水准器的 τ' 大于管水准器的 τ''，它通常用于粗略整平仪器。

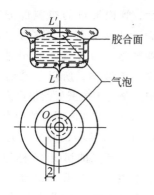

图 4-8　圆水准器

安置水准仪时，使圆水准器轴平行于仪器竖轴。旋转基座上的三个脚螺旋使圆水准器气泡居中时，圆水准器轴处于竖直位置，从而使仪器竖轴也处于竖直位置。

（3）基座。基座的作用是支撑仪器的上部，用中心螺旋将基座连接到三脚架上。基座由轴座、脚螺旋、底板和三角压板构成。

2. 微倾式水准仪的检验和校正

（1）水准仪应满足的条件。根据水准测量原理，水准仪必须提供一条水平视线，才能正确地测出两点间的高差。为此，水准仪应满足的条件是：

1）圆水准器轴 $L'L'$ 应平行于仪器的竖轴 VV。

2）十字丝的中丝（横丝）应垂直于仪器的竖轴。

3）如图 4-9 所示，水准管轴 LL 应平行于视准轴 CC。

（2）检验与校正。上述水准仪应满足的各项条件，在仪器出厂时已经过检验与校正而得到满足，但由于仪器在长期使用和运输过程中受到振动与

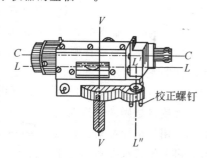

图 4-9　微倾式水准仪

碰撞等影响，各轴线之间的关系发生变化，若不及时检验校正，将会影响测量成果的质量。所以，在水准测量之前，应对水准仪进行认真的检验和校正。检验校正的内容有以下三项：

1）圆水准器轴平行于仪器竖轴的检验与校正

① 检验。如图4-10a所示，用脚螺旋使圆水准器气泡居中，此时圆水准器轴 $L'L'$ 处于竖直位置。如果仪器竖轴 VV 与 $L'L'$ 不平行，且交角为 α，那么竖轴 VV 与竖直位置偏差 α 角。将仪器绕竖轴旋转 $180°$，如图4-10b所示，圆水准器转到竖轴的左面，$L'L'$ 不但不竖直，而且与竖直线 ll 的交角为 2α，

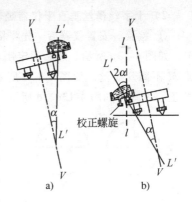

图 4-10 水准仪检验

显然气泡不再居中，而离开零点的弧长所对的圆心角为 2α。这说明圆水准器轴 $L'L'$ 不平行竖轴 VV，需要校正。

② 校正。如图4-10b所示，通过检验证明了 $L'L'$ 不平行于 VV，则应调整圆水准器下面的三个校正螺旋。圆水准器校正结构如图4-11所示。校正前应先少量松动中间的固定螺旋，然后调整三个校正螺旋，使气泡向居中位置移动偏离量的一半，如图4-12a所示。这时，圆水准器轴 $L'L'$ 与 VV 平行。然后再用脚螺旋整平，使圆水准器气泡居中，竖轴 VV 则处于竖直状态，如图4-12b所示。校正工作一般都难以一次完成，需反复进行直至仪器旋转到任何位置圆水准器气泡皆居中时为止。最后应注意拧紧固定螺旋。

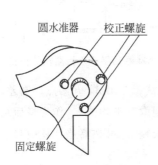

图 4-11 圆水准器校正结构

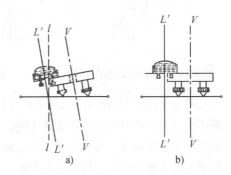

图 4-12 水准器校正

2）十字丝横丝垂直于仪器竖轴的检验与校正

① 检验。安置仪器后，先将横丝一端对准一个明显的点状目标 M，如图 4-13a 所示。然后固定制动螺旋，转动微动螺旋，如果标志点 M 不离开横丝，如图 4-13b 所示，则说明横丝垂直竖轴，不需要校正。否则，如图 4-13c、d 所示，则需要校正。

图 4-13　十字丝横丝的检验与校正

② 校正。校正方法因十字丝分划板座装置的形式不同而异。如图 4-14 所示，用螺钉旋具松开分划板座的固定螺旋，转动分划板座，改正偏离量的一半，即满足条件。也可以卸下目镜处的外罩，用螺钉旋具松开分划板座的固定螺旋，拨正分划板座。

3）视准轴平行于水准管轴的检验校正

① 检验。如图 4-15 所示，在 S_1 处安置水准仪，从仪器向两侧各量约 40m，定出等距离的 A、B 两点，打木桩或放置尺垫做好标志。

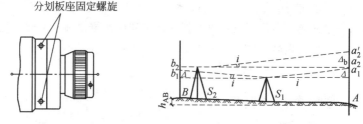

图 4-14　分划板座固定螺旋　图 4-15　管水准器轴平行于视准轴的检验

a. 在 S_1 处用变动仪高（或双面尺）法，测出 A、B 两点的高差。若两次测得的高差的误差不超过 3mm，则取其平均值 h_{AB} 作为最后结果。由于距离相等，两轴不平行导致的误差 Δ_h 可在高差计算中自动消除，故 h 值不受视准轴误差的影响。

b. 安置仪器于 B 点附近的 S_2 处，距 B 点约 3m，精平后读得 B

点水准尺上的读数为 b_2，因仪器距 B 点很近，两轴不平行引起的读数误差可忽略不计。故根据 b_2 和 A、B 两点的正确高差 h_{AB} 算出 A 点尺上应有读数为

$$a_2 = b_2 + h_{AB} \qquad (4-5)$$

然后，瞄准 A 点水准尺，读出水平视线读数 a_2'，如果 a_2' 与 a_2 相等，则说明两轴平行。否则存在 i 角，其值为

$$i'' = \frac{\Delta h}{D_{AB}} \rho'' \qquad (4-6)$$

式（4-6）中，$\Delta h = a_2' - a_2$，$\rho'' = 206265''$。

对于 DS3 微倾式水准仪，i 值不得大于 $20''$，如果超限，则需要校正。

② 校正。转动微倾螺旋使中丝对准 A 点尺上正确读数 a_2，此时视准轴处于水平位置，但管水准器气泡必然偏离中心。为了使水准管轴也处于水平位置，达到视准轴平行于水准管轴的目的，可用拨针拨动水准管一端的上、下两个校正螺旋（4-16），使气泡的两个半像重合。在旋紧上、下两个校正螺旋前，应稍旋松左、右两个螺旋，校正完毕再旋紧。这项检验校正要反复进行，直至 i 角小于 $20''$ 为止。

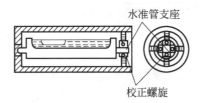

水准管支座

校正螺旋

图 4-16　微倾螺旋校正

三、精密水准仪

1. 精密水准仪的基本性能

精密水准仪和一般微倾式水准仪的构造基本相同。但与一般水准仪相比有制造精密、望远镜放大倍率高、水准器分划值小、最小读数准确等特点。因此，它能提供精确水平视线和精确读数，并能准确照准目标，是一种高级水准仪。测量时它和精密水准尺配合使用，可取得高精度测量成果。精密水准仪主要用于国家一、二等水准测量和高等级工程测量，如大型建（构）筑物施工、大型设备安装、建筑物沉降观测等测量中。

普通水准仪（DS3 级）的水准管分划值为 $20''/2\text{mm}$，望远镜放大倍率不大于 30 倍，水准尺读数可估读到毫米。进行普通水准测量，

每千米往返测高差偶然中误差不大于 ±3mm。精密水准仪（DS05 或 DS1 级）的水准管有较高的灵敏度，分划值为（8″～10″）/2mm，望远镜放大倍率不小于 40 倍，照准精度高、亮度大，装有光学测微系统，并配有特制的精密水准尺，可直读 0.05～0.1mm，每千米往返测高差偶然中误差为 0.5～1.0mm。国产精密水准仪技术参数见表 4-1。

表 4-1　国产精密水准仪技术参数

技术参数项目	水准仪级号	
	DS05	DS1
每千米往返测平均高差中误差/mm	±0.5	±1
望远镜放大倍率	≥40	≥40
望远镜有效孔径/mm	≥60	≥50
水准管分划值	10″/2mm	10″/2mm
测微器有效移动范围/mm	5	5
测微器最小分划值/mm	0.05	0.05

2. 光学测微器

光学测微器通过扩大了的测微分划尺，可以精读出小于分划值的尾数，改善普通水准仪估读毫米位存在的误差，提高了测量精度。

精密水准仪的测微装置如图 4-17 所示，它由平行玻璃板、测微分划尺、传动杆和测微螺旋组成，读数指标线刻在一个固定的棱镜上。测微分划尺刻有 100 个分格，它与水准尺的 10mm 相对应，即水准尺影像每移动 1mm，测微尺则移动 10 个分格，每个分格为 0.1mm，可估读至 0.01mm。

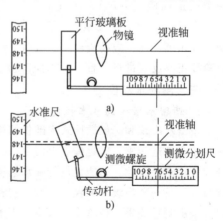

图 4-17　精密水准仪的测微装置

测微装置工作原理是：平行玻璃板装在物镜前，通过传动齿条与测微尺连接，齿条由测微螺旋控制，转动测微螺旋，齿条前后移动带动玻璃板绕其轴向前后倾斜，测微尺也随之移动。

当平行玻璃板竖直时（与视准轴垂直），如图 4-17a 所示，水平视线不产生平移，测微尺上的读数为 5.00mm；当平行玻璃板向前后倾斜时，根据光的折射原理，视线则上下平移，如图 4-17b 所示，测微尺有效移动范围为上下各 5mm（50 个分格）。如测微尺移到 10mm 处，则视线向下平移 5mm；若测微尺移到 0mm 处，则视线向上平移 5mm。

需说明的是，测微尺上的 10mm 注字，实际真值是 5mm，也就是注记数字比真值大 1 倍，这样就和精密水准尺的注字相一致（精密水准尺的注字比实际长度大 1 倍），以便于读数和计算。

如图 4-17 所示，当平行玻璃板竖直时，水准尺上的读数在 1.48～1.49 之间，此时测微尺上的读数是 5mm，而不是 0。旋转测微螺旋，则平行玻璃板向前倾斜，视线向下平移，与就近的 1.48m 分划线重合，此时测微尺的读数为 6.54mm，视线平移量为 6.54～5.00mm。最后读数为：1.48m + 6.54mm − 5.00mm = 1.48654m − 5.00mm。

在上式中，每次读数都应减去一个常数值 5mm，但在水准测量计算高差时，因前、后视读数都含这个常数，会互相抵消。所以，在读数、记录和计算过程中都不考虑这个常数。但在进行单向测量读数时，就必须减去这个常数。

3. 精密水准尺的构造

图 4-18 为与 DS1 精密水准仪配套使用的精密水准尺。该尺全长 3m，注字长 6m，在木质尺身中间的槽内装有膨胀系数极小的因瓦合金带，故称因瓦尺。带的下端固定，上端用弹簧拉紧，以保证带的平直并且不受尺身长度变化的影响。因瓦合金带分左右两排分划，每排最小分划均为 10mm，彼此错开5mm，把两排的分划合在一起使用，便成为左右交替形式的分划，其分划值为 5mm。合金带右边从 0～5 注记米数，左边注记分米数，大三角形标志对准分米分划，小三角形标志对准 5cm 分划。注记的数字为实际长度

图 4-18　精密水准尺

的 2 倍，即水准尺的实际长度等于尺面读数的 1/2，所以用此水准尺进行测量作业时，须将观测高差除以 2，才是实际高差。

4. 精密水准仪的读数方法

精密水准仪与一般微倾式水准仪的构造原理基本相同。因此使用方法也基本相同，只是精密水准仪装有光学测微读数系统，所测量的对象要求精度高，操作要更加准确。图 4-19 是 DS1 精密水准仪目镜视场影像，读数程序是：

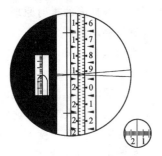

图 4-19　DS1 精密水准仪
目镜视场影像

（1）望远镜水准管气泡调到精平，提供高精度的水平视线，调整物镜、目镜，精确照准尺面。

（2）转动测微螺旋，使十字丝的楔形丝精确夹住尺面整分划线，读取该分划线的读数，图中为 1.97m。

（3）再从目镜右下方测微尺读数窗内读取测微尺读数，图中为 1.50mm（测微尺每分格为 0.1mm，每注字格 1mm）。

（4）水准尺全部读数为 1.97m + 1.50mm = 1.97150m。

（5）尺面读数是尺面实际高度的一半，应除以 2，即 1.97150 ÷ 2m = 0.98575m。

测量作业过程中，可用尺面读数进行运算，在求高差时，再将所得高差值除以 2。

图 4-20 为蔡司 Ni004 水准仪目镜视场影像，下面是水准管气泡影像，并刻有读数，测微尺刻在测微

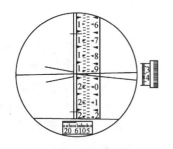

图 4-20　蔡司 Ni004 水准仪
目镜视场影像

鼓上，随测微螺旋转动。该尺刻有 100 个分格，最小分划值为 0.1mm（尺面注字比实长大 1 倍，所以最小分划实为 0.05mm）。

当楔形丝夹住尺面 1.92m 分划时，测微尺上的读数为 34.0（即

3.40m），尺面全部读数为 1.92m + 3.40mm = 1.92340m，实际尺面高度为 1.92340 ÷ 2m = 0.96170m。

5. 精密水准仪使用要点

（1）水准仪、水准尺要定期检校，以减少仪器本身存在的误差。

（2）仪器安置位置应符合所测工程对象的精度要求，如视线长度、前后视距差、累计视距差和仪器高都应符合观测等级精度的要求，以减少与距离有关的误差。

（3）选择适于观测的外界条件，要考虑强光、光折射、逆光、风力、地表蒸气、雨天和温度等外界因素的影响，以减少观测误差。

（4）仪器应安稳精平，水准尺应利用水准管气泡保持竖直，立尺点（尺垫、观测站点、沉降观测点）要有良好的稳定性，防止点位变化。

（5）观测过程要仔细认真，才能测出精确的成果。

（6）熟练掌握所用仪器的性能、构造和使用方法，了解水准尺尺面分划特点和注字顺序，情况不明时不要作业，以防造成差错。

四、自动安平水准仪

1. 自动安平水准仪的基本性能

微倾式水准仪在安平过程中，利用圆水准器盒只能使仪器达到初平，每次观测目标读取读数前，必须利用微倾螺旋将水准管气泡调到居中，使视线达到精平。这种操作程序既麻烦又影响工作效率，有时会因忘记调微倾螺旋造成读数误差。自动安平水准仪在结构上取消了水准管和微倾螺旋，而在望远镜光路系统中安置了一个补偿装置（图 4-21），当圆水准器调平后，视线虽仍倾斜一个 α 角，但通过物镜光心的水平视线经补偿器折射后，仍能通过十字丝交点，这样十字

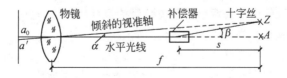

图 4-21　自动安平水准仪补偿器折光示意

丝交点上读到的仍是视线水平时应该得到的读数。自动安平水准仪的主要优点就是视线能自动调平，操作简便；若仪器安置不稳或有微小变动时，能自动迅速调平，可以提高测量精度。

2. 水准仪的光路系统

图 4-22 是 DSZ3 自动安平水准仪的光路系统。

该仪器在对光透镜和十字丝分划板之间安装一个补偿器。这个补偿器由两个直角棱镜和一个屋脊棱镜组成，两个直角棱镜用交叉的金属片吊挂在望远镜上，能自由摆动，在物体重力作用下，始终保持铅直状态。

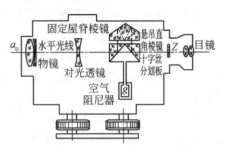

图 4-22　DSZ3 自动安平水准仪的光路系统

如图 4-22 所示，该仪器处于水平状态，视准轴水平时水准尺上读数为 a_0。光线沿水平视线进入物镜后经过第一个直角棱镜反射到屋脊棱镜，在屋脊棱镜内经三次反射后到达另一个直角棱镜，又被反射一次最后通过十字丝交点，这时读得视线水平时的读数 a_0。

3. 仪器自动调平原理

当望远镜视线倾斜微小 α 角时（图 4-23），如果补偿器不起作用，两个直角棱镜和屋脊棱镜都随望远镜一起倾斜一个 α 角（如图中虚线所示），则通过物镜光心的水平视线经棱镜几次反射后，并不通过十字丝交点 Z，而是通过 A。此时十字丝交点上的读数不是水平视线的读数 a_0，而是 a'。实际上，当视线倾斜 α 角时，悬吊的两个直角棱镜在重力作用下，相对于望远镜屋脊棱镜偏转了一个 α 角，转到实线表示的位置（两个直角棱镜保持铅直状态）。这时，Z 沿着光线（水平视线）在尺上的读数仍为 a_0。

补偿器的构造就是根据光的反射原理，当望远镜视准轴倾斜任意角度（当然很微小）时，水平视线通过补偿器都能恰好通过十字丝交点，读到正确读数，补偿器就这样起到了自动调平的作用。

图 4-23　水准仪自动调平示意

第三节　水准测量方法

一、水准点

为统一全国的高程系统和满足各种测量的需要，国家各级测绘部门在全国各地埋设并测定了很多高程点，这些点称为水准点（benchmark，通常缩写为 BM）。在一、二、三、四等水准测量中，称一、二等水准测量为精密水准测量，三、四等水准测量为普通水准测量，采用某等级的水准测量方法测出其高程的水准点称为该等级水准点。各等级水准点均应埋设永久性标石或标志，水准点的等级应注记在水准点标石或标志面上。

在已知高程的水准点和待定点之间进行水准测量就可以计算出待定点的高程。水准点标石的类型可分为：基岩水准标石、基本水准标石、普通水准标石和墙脚水准标志四种，其中普通水准标石和墙脚水准标志的埋设要求如图 4-24 所示。水准点在地形图上的表示符号如图 4-25 所示，图中的 2.0 表示符号圆的直径为 2mm。

在大比例尺地形图测绘中，常用图根水准测量来测量图根点的高程，这时的图根点也称图根水准点。

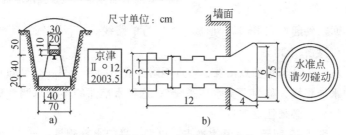

图 4-24　普通水准标石和墙脚水准标志的埋设要求

a）普通水准标石　b）墙脚水准标志

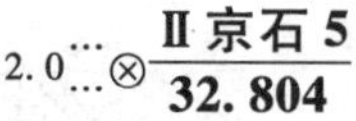

$$\text{2.0} \overset{\cdots}{\underset{\cdots}{\otimes}} \frac{\text{II 京石 5}}{\text{32.804}}$$

图 4-25　水准点在地形图上的表示符号

二、水准路线

水准测量时行进的路线，称为"水准路线"。根据测区具体情况和施测需要，可选用不同的水准路线。

1. 附合水准路线

起止于两个已知水准点间的水准路线称为"附合水准路线"。

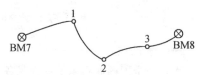

图 4-26　附合水准路线

当测区附近有高级水准点时，如图 4-26 所示，可由一个高级水准点 BM7 开始，沿待测各高程的水准点 1、2…做水准测量，最后附合到另一个高级水准点 BM8，以便校核测量结果有无误差，或鉴别测量结果的精度，是否符合要求。

2. 闭合水准路线

起止于同一个已知水准点的封闭水准路线称为"闭合水准路线"，这种水准路线可使测量成果得到检核。当测区附近只有一个高级水准点时，如图 4-27 所示，可从这一水准点 BM12 出发，沿待测高程的各水准点 1、2…进行水准测量，最后又回归到起始点 BM12，形成一个闭合的路线。

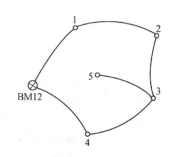

图 4-27　闭合水准路线及支水准路线

3. 支水准路线

从一个已知水准点出发，终点不附合或不闭合于另一个已知水准点的水准路线，称为"支水准路线"，这种水准路线不能对测量成果自行检核，必须往返测量。

如图 4-27 所示，从某水准点 3 出发，进行水准测量到点 5，既不附合到另一水准点，也不形成闭合的路线。

三、水准测量方法

1. 水准仪的安置和使用

安置水准仪前，首先应按观测者的身高调节好三脚架的高度，为便于整平仪器，还应使三脚架的架头面大致水平，并将三脚架的三个脚尖踩入土中，使脚架稳定；从仪器箱内取出水准仪，放在三脚架的架头面上，立即用中心螺旋旋入仪器基座的螺孔内，以防止仪器从三脚架头上摔下来。

用水准仪进行水准测量的操作步骤为：粗平→瞄准水准尺→精平→读数。分别介绍如下：

（1）粗平。粗略整平仪器。旋转脚螺旋使圆水准器气泡居中，仪器的竖轴大致铅垂，从而使望远镜的视准轴大致水平。旋转脚螺旋方向与圆水准器气泡移动方向的规律是：用左手旋转脚螺旋时，左手大拇指移动方向即为水准器气泡移动方向；用右手旋转脚螺旋时，右手食指移动方向即为水准器气泡移动方向，

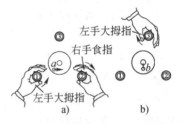

图 4-28　脚螺旋转动方向与圆水准器气泡移动方向的规律

如图 4-28 所示。初学者一般先练习用一只手操作，熟练后再练习用双手操作。

（2）瞄准水准尺。首先，进行目镜对光，将望远镜对准明亮的背景，旋转目镜调焦螺旋，使十字丝清晰。再松开制动螺旋，转动望远镜，用望远镜上的准星和照门瞄准水准尺，拧紧制动螺旋。从望远镜中观察目标，旋转物镜调焦螺旋，使目标清晰，再旋转微动螺旋，使竖丝对准水准尺，如图 4-29 所示。

（3）精平。先从望远镜侧面观察管水准器气泡偏离零点的方向，旋转微倾螺旋，使气泡大致居中，再从目镜左边的附合气泡观察窗中查看两个气泡影像是否匹配，如不匹配，再慢慢旋转微倾螺旋直至完全匹配为止。

（4）读数。仪器精平后，应立即用十字丝的横丝在水准标尺上

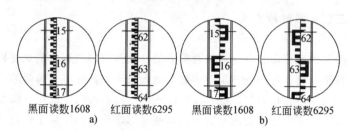

图 4-29　水准尺读数示例

a) 0.5cm 分划直尺　b) 1cm 分划直尺

读数。对于倒像望远镜，所用水准尺的注记数字是倒写的，此时从望远镜中所看到的像是正立的。水准标尺的注记是从标尺底部向上增加的，而在望远镜中则变成从上向下增加，所以在望远镜中读数应从上往下读。可以从水准尺上读取 4 位数字，其中前面两位为米位和分米位，可从水准尺注记的数字直接读取；后面的厘米位则要数分划数，一个"**E**"表示 0~5cm，其下面的分划位为 6~9cm，毫米位需要估读。图 4-29a 为黑面尺的一个读数；完成黑面尺的读数后，将水准标尺纵转 180°，立即读取红面尺的读数，如图 4-29b 所示，这两个读数之差为 6295－1608＝4687，正好等于该尺红面注记的零点常数，说明读数正确。

　　2. 水准测量

　　水准仪的主要功能是能为水准测量提供一条水平视线。水准测量就是利用水准仪所提供的水平视线直接测出地面上两点之间的高差，然后再根据其中一点的已知高程来推算另一点的高程。

　　（1）高差法。如图 4-30 所示，为了测出 AB 间的高差 h_{AB}，把仪器安置在 A、B 两点之间，在 A、B 点分别立水准尺，先用望远镜照准已知高程点上的 A 尺，读取尺面读数 a；再照准待测点上 B 尺，读取计数 b，则 B 点对 A 点的高差

$$h_{AB} = a - b \tag{4-7}$$

　　待测 B 点的高程

$$H_B = H_A + h_{AB} = H_A + (a - b) \tag{4-8}$$

式中　a——已知高程点（起点）上的水准读数，叫后视读数；

b——待测高程点（终点）上的水准读数，叫前视读数。

"＋"号为代数和。用后视读数减去前视读数所得的高差 h_{AB} 有正负之分，当后视读数大于前视读数时（图 4-30a），高差为正，说明前视点高于后视点；当后视读数小于前视读数时（图 4-30b），高差为负，说明前视点低于后视点。

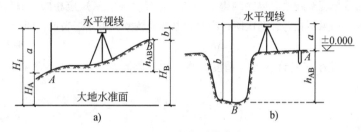

图 4-30　水准测量方法

（2）仪高法。用仪器的视线高减去前视读数来计算待测点的高程，称为仪高法。当安置一次仪器而要同时测很多点时，采用这种方法比较方便。从图 4-31 中可以看出，若 A 点高程为已知，则视线高采用高差法和仪高法的区别在于计算顺序上的不同，其测量原理是相同的。

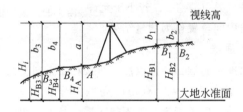

图 4-31　仪高法测高程

$$H_i = H_A + a \tag{4-9}$$

待测点的高程

$$H_B = H_i - b \tag{4-10}$$

地球表面本来是一个曲面，因施工测量范围较小，故可不考虑曲面的影响。另外，仪器安置在两点中间，使前后视距相等，亦可消除地球曲率和大气折光的影响。非等级测量时，仪器安置的位置和高度可以任意选择，但水准仪的视线必须水平。

第四节　水准测量校核方法

一、复测法（单程双线法）

从已知水准点测到待测点后，再从已知水准点开始重测一次，叫复测法或单程双线法。再次测得的高差，符号（＋、－）应相同，数值应相等。如果不相等，两次所得高差之差称为较差，用 $\Delta h_{测}$ 表示，即

$$\Delta h_{测} = h_{初} - h_{复} \tag{4-11}$$

较差小于允许误差，精度合格，然后取高差平均值 h 计算待测点高程

$$h = \frac{h_{初} + h_{复}}{2} \tag{4-12}$$

高差的符号有"＋""－"之分，按其所得符号代入高程计算式。

用复测法测设已知高程的点时，初测时在木桩侧面画有初测位置线，复测时在木桩侧面画有复测位置线，若两次测得的横线不重合（图4-32），两条线间的距离就是较差（误差），若小于允许误差，取两线中间位置作为测量结果。

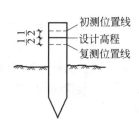

图4-32　复测法测设计高程

二、往返测法

从已知水准点起测到待测点后，再按相反方向测回到原来的已知水准点，称往返测法。两次测得的高差，符号（＋、－）应相反，往返高差的代数和应等于零。如不等于零，其差值叫较差。即

$$\Delta h_{测} = h_{往} - h_{返} \tag{4-13}$$

较差小于允许误差，精度合格，然后取高差平均值 h 计算待测点高程

$$h = \frac{h_{往} + h_{返}}{2} \tag{4-14}$$

三、闭合测法

从已知水准点开始，在测量水准路线上测量若干个待测点后，又

测回到原来的起点上（图4-33），由于起点与终点的高差为零，所以全线高差的代数和应等于零。如不等于零，其差值叫闭合差。闭合差小于允许误差，精度合格。

图4-33 闭合测法

在复测法、往返测法和闭合测法中，都是以一个水准点为起点，如果起点的高程记错、用错或点位发生变动，那么即使高差测量方法正确，计算也无误，测得的高程还是不正确的。因此，必须注意准确地抄录起点高程并检查点位有无变化。

四、附合测法

从一个已知水准点开始，测完待测点一个或数个后，继续向前测量，直到在另一个已知水准点上闭合（图

图4-34 附合测法

4-34）。把测得终点对起点的高差与已知终点对起点的高差相比较，其差值叫闭合差，闭合差小于允许误差，精度合格。

第五节 水准测量误差及消减

水准测量误差包括仪器误差、观测误差和外界环境的影响三个方面。

一、仪器误差

（1）仪器校正后的残余误差。规范规定，DS3水准仪的i角大于$20''$才需要校正，因此，正常使用情况下，i角将保持在$\pm 20''$以内。i角引起的水准尺读数误差与仪器至标尺的距离成正比，只要观测时注意使前、后视距相等，便可消除或减弱i角误差的影响。在水准测量的每站观测中，使前、后视距完全相等是不容易做到的，因此规范规定，对于四等水准测量，一站的前、后视距差应小于等于5m，任一测站的前后视距累积差应小于等于10m。

（2）水准尺误差。由于水准尺分划不准确、尺长变化、尺弯曲等原因而引起的水准尺分划误差会影响水准测量的精度，因此须检验

水准尺每米间隔平均真长与名义长之差。规范规定，对于区格式木质标尺，不应大于0.5mm，否则，应在所测高差中进行米真长改正。一对水准尺的零点差，可在一水准测段的观测中安排偶数个测站予以消除。

二、观测误差

（1）管水准器气泡居中误差。水准测量的原理要求视准轴必须水平，视准轴水平是通过居中管水准器气泡来实现的。精平仪器时，如果管水准器气泡没有精确居中，将造成管水准器轴偏离水平面而产生误差。由于这种误差在前视与后视读数中不相等，所以，高差计算中不能抵消。

DS3水准仪管水准器的分划值为 $\tau'' = 20''/2mm$，设视线长为100m，气泡偏离居中位置0.5格时引起的读数误差为

$$\frac{0.5 \times 20}{206265} \times 100 \times 1000mm = 5mm$$

消减这种误差的方法只能是每次读尺前进行精平操作时使管水准器气泡严格居中。

（2）读数误差。普通水准测量观测中的毫米位数字是根据十字丝横丝在水准尺厘米分划内的位置进行估读的，在望远镜内看到的横丝宽度相对于厘米分划格宽度的比例决定了估读的精度。读数误差与望远镜的放大倍数和视线长有关。视线越长，读数误差越大。因此，规范规定，使用DS3水准仪进行四等水准测量时，视线长应小于等于80m。

（3）水准尺倾斜引起误差。读数时，水准尺必须竖直。如果水准尺前后倾斜，在水准仪望远镜的视场中不会察觉，但由此引起的水准读数总是偏大，且视线高度越大，误差就越大。在水准尺上安装圆水准器是保证尺子竖直的主要措施。

（4）视差。视差是指在望远镜中，水准尺的像没有准确地生成在十字丝分划板上，造成眼睛的观察位置不同时，读出的标尺读数也不同，由此产生读数误差。

三、外界环境的影响

（1）仪器下沉和尺垫下沉。仪器或水准尺安置在软土或植被上

时，容易产生下沉。采用"后—前—前—后"的观测顺序可以削弱仪器下沉的影响，采用往返观测，取观测高差的中数可以削弱尺垫下沉的影响。

（2）大气折光影响。晴天在日光的照射下，地面温度较高，靠近地面的空气温度也较高，其密度较上层空气要小。水准仪的水平视线离地面越近，光线的折射也就越大。规范规定，三、四等水准测量时应保证上、中、下三丝能读数，二等水准测量则要求下丝读数大于等于 0.3m。

（3）温度影响。当日光直接照射水准仪时，仪器各构件受热不匀引起仪器的不规则膨胀，从而影响仪器轴线间的正常关系，使观测产生误差。观测时应注意撑伞遮阳。

第六节　施测中操作要领及注意事项

正确掌握操作要领，能防止错误，减少误差，提高测量精度。

一、施测过程中的注意事项

（1）施测前，所用仪器和水准尺等器具必须经检校。

（2）前后视距应尽量相等，以消除仪器误差和其他自然条件因素（地球曲率、大气折光等）的影响。从图 4-35a 中可以看出，如果把仪器安置在两测点中间，即使仪器有误差（水准管轴不平行视准轴），但前后视读数中都含有同样大小的误差，用后视读数减去前视读数所得的高差，误差即抵消。如果前后视距不相等，如图 4-35b 所示，因前后视读数中所含误差不相等，计算出的高差仍含有误差。

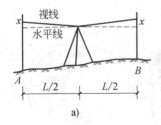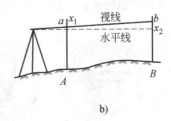

图 4-35　仪器安置位置对高差的影响

$$a)(a-x)-(b-x)=a-b \quad b)(a-x_1)-(b-x_2)\neq a-b \quad (4-15)$$

（3）仪器要安稳，要选择比较坚实的地方，三脚架要踩牢。

（4）读数时水准管气泡要居中，读数后应检查气泡是否仍居中。在强阳光照射下，要撑伞遮住阳光，防止气泡不稳定。

（5）水准尺要立直，防止尺身倾斜造成读数偏大。如3m长塔尺上端倾斜30cm，读数中每1m将增大5mm。要经常检查和清理尺底泥土。水准尺要立在坚硬的点位上（加尺垫、钉木桩）。作为转点，前后视读数尺子必须立在同一标高点上。塔尺上节容易下滑，使用上尺时要检查卡簧位置，防止造成尺差错误。

（6）物镜、目镜要仔细对光，以消除视差。

（7）视距不宜过长，因为视距越长读数误差越大。在春季或夏季雨后阳光下观测时，由于地表蒸气流的影响，也会引起读数误差。

（8）了解尺的刻划特点，注意倒像的读数规律，读数要准确。

（9）认真做好记录，按规定的格式填写，字迹整洁、清楚。禁止潦草记录，以免发生误解或造成错误。

（10）测量成果必须经过校核，才能认为准确可靠。

（11）要想提高测量精度，最好的方法是多观测几次，最后取算术平均值作为测量成果。因为经多次观测，其平均值较接近这个量的真值。

二、望远镜读尺要领

从望远镜中读尺，是学习测量的一个难点，易出差错、速度又慢，初学者只有多练习才能掌握。图4-36和表4-2所列几种情况，为读尺时易犯的错误，初学者应多加注意。

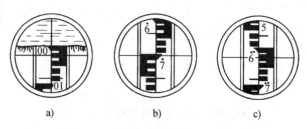

a)　　　　　　　b)　　　　　　　c)

图4-36　望远镜读尺易犯的几种错误

表4-2 几种读尺易犯的错误情况

图号	图4-36a	图4-36b	图4-36c
正确读数/m	0.025	1.702	2.625
错误读数/m	0.25	1.720	2.775
错误原因	将厘米、毫米误读成分米、厘米	将毫米误读成厘米	从下方往上读尺

读尺时应注意的事项：

（1）DS3 微倾式水准仪望远镜成像是倒像，尺底的像在上方，故读尺时应从上往下读数，特别注意分清尺读数是 6 还是 9。

（2）尺面刻划最小划分到厘米，毫米数需估读。

（3）特别注意勿将毫米误读成厘米、将厘米误读成分米。

初学者要多做读尺练习，可将尺倒立，用手指尺面任一点，先做到能正确读出该点的尺读数，逐步做到迅速、准确地读尺。进一步练习用望远镜读尺，做到能将十字丝横丝指示的尺读数迅速、准确地读出。

三、测量中指挥信号要点

观测过程中，观测员要随时指挥扶尺员调整水准尺的位置，结束时还要通知扶尺员，如采用喊话等形式不仅费力而且容易产生误解。习惯做法是采用手势指挥。

（1）向上移。如水准尺（或铅笔）需向上移，观测员就向身侧伸出左手，以掌心朝上，做向上摆动之势，需大幅度移动，手即大幅度活动；需小幅度移动，就只用手指活动即可。扶尺员根据观测员的手势朝向和幅度大小来移动水准尺。当视线正确照准应读读数时，手势停住。需注意的是望远镜中看到的是倒像，指挥时不要弄错方向。

（2）向下移。如果水准尺需向下移，观测员同样伸出左手，但掌心朝下摆动，做法同前。

（3）向右移。如水准尺没有立直，上端需向右摆动，观测员应抬高左手过顶，掌心朝里，做向右摆动之势。

（4）向左移。如水准尺上端需向左摆动，观测员应抬高右手过顶，掌心朝里，做向左摆动之势。

（5）观测结束。观测员准确地读数，做好记录，认为没有疑点后，用手势通知扶尺员结束操作。手势形式是：观测员举双手由身侧向头顶划圆弧活动。扶尺员只有得到观测员的结束手势后，方能移动水准尺。

第 五 章

▶▶▶

角度测量

第一节 角度测量原理

一、水平角测量原理

地面上不同高程点之间的夹角是以其在水平面上投影后水平夹角的大小来表示的。图 5-1 中 A、O、B 是三个位于不同高程的点，为了测出 AOB 三点水平角 β 的大小，在角顶 O 点上方任意高度安置经纬仪，使经纬仪的中心（水平度盘中心）与 O 点在一条铅垂线上；先用望远镜照准 A 点（后视称始边），读取后视度盘读数 a；再转动望远镜照准 B 点（前视称终边），读取读数 b；则视线从始边转到终边所转动的角度就是

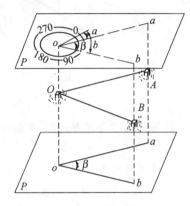

图 5-1 水平角测量原理

地面上 A、O、B 点所夹的水平角，也就是 ∠AOB 沿 OA、OB 两个竖直面投影到水平面 P 上的 ∠aob，其角值为水平度盘的读数差，即

$$\beta = b - a \tag{5-1}$$

式中　　a——后视度盘读数；

　　　　b——前视度盘读数。

测量水平角时，视线仰、俯角度的大小对水平角值无影响。

二、竖直角测量原理

1. 竖直角的用途

竖直角主要用于将观测的倾斜距离换算为水平距离或计算三角高程。

（1）倾斜距离换算为水平距离。如图 5-2a 所示，测得 A、B 两点间的斜距 S 及竖直角 α，其水平距离 D 的计算公式为

$$D = S\cos\alpha \tag{5-2}$$

（2）三角高程计算。如图 5-2b 所示，当用水准测量方法测定 A、

B 两点间的高差 h_{AB} 有困难时，可以利用图中测得的斜距 S、竖直角 α、仪器高 i、标杆高 v，依式（5-3）计算 h_{AB}

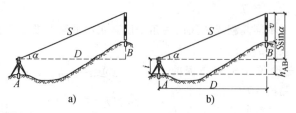

图 5-2　竖直角测量的用途

$$h_{AB} = S\sin\alpha + i - v \tag{5-3}$$

已知 A 点的高程 H_A 时，B 点高程 H_B 的计算公式为

$$H_B = H_A + h_{AB} = H_A + S\sin\alpha + i - v \tag{5-4}$$

上述测量高程的方法称为三角高程测量。

2. 竖直角的计算及测量原理

如图 5-3a 所示，望远镜位于盘左位置，当视准轴水平、竖盘指标管水准器气泡居中时，竖盘读数为 90°；当望远镜抬高 α 角照准目标、

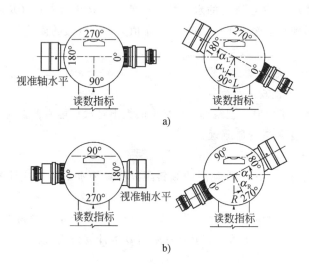

图 5-3　竖直角测量原理

a）盘左　b）盘右

竖盘指标管水准器气泡居中时，竖盘读数设为 L，则盘左观测的竖直角为

$$\alpha_L = 90° - L \qquad (5-5)$$

如图 5-3b 所示，纵转望远镜于盘右位置，当视准轴水平、竖盘指标管水准器气泡居中时，竖盘读数为 270°；当望远镜抬高 α 角照准目标、竖盘指标管水准器气泡居中时，竖盘读数设为 R，则盘右观测的竖直角为

$$\alpha R = R - 270° \qquad (5-6)$$

第二节　角度测量仪器

一、光学经纬仪的构造

光学经纬仪大都采用玻璃度盘和光学测微装置，它有读数精度高、体积小、重量轻、使用方便和封闭性能好等优点。经纬仪的代号为 "DJ"，意为大地测量经纬仪。按其测量精度分为 DJ_2、DJ_6、DJ_{15}、DJ_{60} 等等级。角标 2、6、15、60 为经纬仪观测水平角方向时测量某一测回方向中误差不大于的数值，称为经纬仪测量精度。

测微器的最小分划值称为经纬仪的读数精度，有直读 0.5″、1″、6″、20″、30″ 等多种。施工测量常用的是 DJ_6 经纬仪，图 5-4 是 DJ_6 经

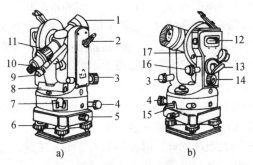

a)　　　　　b)

图 5-4　DJ_6 经纬仪的外形

1—望远镜物镜　2—望远镜制动螺旋　3—望远镜微动螺旋　4—水平微动螺旋

5—轴座连接螺旋　6—脚螺旋　7—复测器扳手　8—照准部水准器　9—读数显微镜

10—望远镜目镜　11—物镜对光螺旋　12—竖盘指标水准管　13—反光镜

14—测微螺旋　15—水平制动螺旋　16—竖盘指标水准管微动螺旋

17—竖盘外壳

纬仪的外形图。DJ$_6$经纬仪主要由照准部、水平度盘、基座三部分组成，如图5-5所示。

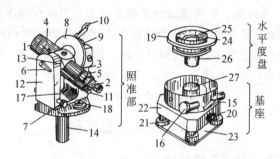

图5-5 DJ$_6$经纬仪组成部件

1—望远镜物镜 2—望远镜目镜 3—望远镜调焦环 4—准星 5—照门
6—望远镜固定扳手 7—望远镜微动螺旋 8—竖直度盘 9—竖盘指标水准管
10—竖盘水准管反光镜 11—读数显微镜目镜 12—支架 13—横轴
14—竖直轴 15—照准部制动螺旋 16—照准部微动螺旋 17—水准管
18—圆水准器 19—水平度盘 20—轴套固定螺旋 21—脚螺旋 22—基座
23—三角形底板 24—度盘插座 25—度盘轴套 26—外轴 27—度盘旋转轴套

1. 照准部

照准部主要包括望远镜、测微器、竖轴和水准管。

（1）望远镜。望远镜的构造和水准仪望远镜的构造基本相同，是照准目标用的。不同的是它能绕横轴转动横扫一个竖直面，可以测量不同高度的点。十字丝刻划板如图5-6所示，瞄准目标时应将目标夹在两线中间或用单线照准目标中心。

（2）测微器。测微器是在度盘上精确地读取读数的设备，度盘读数通过棱镜组的反射，成像在读数窗内，在望远镜旁的读数从显微镜中读出。不同类型的仪器，测微器刻划有很大区别，施测前一定要熟练掌握其读数方法，以免工作中出现错误。

（3）竖轴。照准部旋转轴的几何中心叫竖轴，竖轴与水平度盘中心相重合。

（4）水准管。水准管轴与竖轴相垂直，借以将仪器调整水平。

2. 水平度盘

水平度盘是一个由光学玻璃制成的环形精密度盘，盘上按顺时针方向刻有从0°~360°的刻划，用来测量水平角。度盘和照准部的离合关系由位于照准部上的复测器扳手来控制。度盘绕竖轴旋转，操作程序是：扳上复测器，度盘与照准部脱离，此时转动望远镜，度盘数值变化；扳下复测器，度盘和照准部结合，转动望远镜，度盘数值不变。注意工作中不要弄错。

3. 基座

基座是支撑照准部的底座。将三脚架头上的联接螺栓拧进基座连接板内，仪器就和三脚架连在一起。联接螺栓上的线坠是水平度盘的中心，借助线坠可将水平度盘的中心安置在所测角角顶的铅垂线上。

有的经纬仪装有光学对中器（图5-7），与线坠相比，它有精度高和不受风吹干扰的优点。

仪器旋转轴插在基座内，靠固定螺旋联接。该螺旋不可松动，以防因照准部与基座脱离而摔坏仪器。

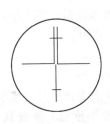

图5-6　望远镜十字丝刻划板

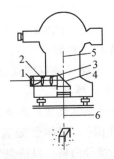

图5-7　光学对中器

1—目镜　2—刻划板　3—物镜

4—反光棱镜　5—竖轴轴线　6—光学垂线

4. 光路系统

图5-8中，光线由反光棱镜1进入，经玻璃窗2、照明棱镜3转折180°后，再经竖盘4后带着竖盘分划线的影像；通过竖盘照准棱镜5和显微物镜6，使竖盘分划线成像在水平度盘7分划线的平面上。竖盘和水平度盘分划线的影像经场镜8、照准棱镜9由底部转折180°向上，通过水平度盘显微物镜10、平行玻璃板11、转向棱镜12和测微尺13，使水平度盘分划、竖盘度盘分划以及测微尺同时成像在读

数窗 14 上；再经转向棱镜 15 转折
90°，进入读数显微镜 16，在读数显微
镜中读数 17。平板玻璃与测微尺连在
一起，由测微螺旋操纵绕同一轴转动，
由于平板玻璃的转动（光折射），度盘
影像也在移动，移动值的大小，即为
测微尺上的读数。

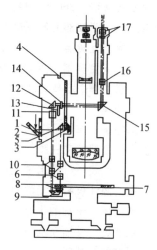

　　有的经纬仪没有复测扳手，而是
安装了水平度盘变换手轮来代替扳手，
这种仪器在转动照准部时，水平度盘
不随之转动。如要改变度盘读数，可
以转动水平度盘变换手轮。例如，要
求望远镜瞄准 ρ 点后水平度盘的读数
为 0°00′00″，操作时先转动测微螺旋，

图 5-8　DJ₆ 经纬仪光路示意

使测微尺读数为 00′00″；然后瞄准 ρ 点，再转动度盘变换手轮，使度
盘读数为 0°，此时瞄准 ρ 点后的读数即为 0°00′00″。

　　二、光学经纬仪的读数方法

　　1. 测微螺旋式光学经纬仪的读数方法

　　图 5-9 是从读数显微镜内看到的影像，上部是测微尺（水平角和
竖直角共用），中间是竖直度盘，下部是水平度盘。度盘从 0°～
360°，每度分两格，每格 30′；测微尺从 0′～30′，每分又分三格，每
格 20″（不足 20″的小数可估读）。转动测微螺旋，当测微尺从 0′移到

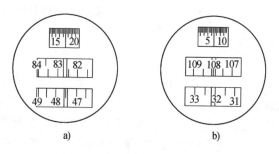

图 5-9　测微螺旋式读数窗影像

30′时，度盘的像恰好移动一格（30′）。位于度盘像格内的双线及位于测微尺像格内的单线均称指标线。望远镜照准目标时，指标双线不一定恰好夹住度盘的某一分划线，读数时应转动测微螺旋使一条度盘分划线精确地平分指标双线，则该分划线的数值即为读数的整数部分。不足30′的小数再从测微尺上指标线所对应的位置读出。度盘读数加上测微尺读数即为全部读数。图5-9a水平度盘读数为47°30′ + 17′30″ = 47°47′30″，图5-9b竖盘读数为108° + 06′40″ = 108°06′40″。

2. 测微尺式光学经纬仪读数方法

图5-10是从读数显微镜内看到的读数影像，上格是水平度盘和测微尺的影像，下格是竖盘和测微尺的影像。水平度盘和竖盘上一度的间隔，经放大后与测微尺的全尺相等。测微尺分60等分，最小分划值为1′，小于1′的数值可以估读。度盘分划线为指标线。读数时度盘度数可以从居于测微尺范围内的度盘分划线所注字直接读出，然后仔细看准度盘分划线落在尺的哪个小格上，从测微尺的零至度盘分

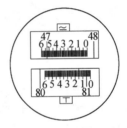

图5-10 测微尺式读数窗影像

划线间的数值就是分数。图5-10中上格水平度盘读数为47°53′，下格竖盘读数为81°5′24″。

第三节 经纬仪安置及角度测量

一、经纬仪的安置

经纬仪的安置包括对中和整平，其目的是使仪器竖轴位于过测站点的铅垂线上，水平度盘和横轴处于水平位置，竖盘位于铅垂面内。对中的方式有垂球对中和光学对中两种，整平分粗平和精平。

粗平是通过伸缩脚架腿或旋转脚螺旋使圆水准器气泡居中，其规律是圆水准器气泡向伸高脚架腿的一侧移动，或圆水准器气泡移动方向与用左手大拇指或右手食指旋转脚螺旋的方向一致；精平是通过旋转脚螺旋使管水准器气泡居中，要求将管水准器轴分别旋至相互垂直的两个方向上使气泡居中，其中一个方向应与任意两个脚螺旋中心连

线方向平行。如图 5-11 所示，旋转照准部至图 5-11a 的位置，旋转脚螺旋 1 或 2 使管水准器气泡居中；然后旋转照准部至图 5-11b 的位置，旋转脚螺旋 3 使管水准器气泡居中；最后还要将照准部旋回至图 5-11a 的位置，查看管水准器气泡的偏离情况，如果仍然居中，则精平操作完成，否则还需按前面的步骤再操作一次。

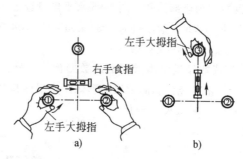

图 5-11　照准部管水准器整平方法

经纬仪安置的操作步骤是：打开三脚架腿，调整好其长度使脚架高度适合于观测者，张开三脚架，将其安置在测站上，使架头大致水平。从仪器箱中取出经纬仪放置在三脚架头上，并使仪器基座中心基本对齐三脚架头的中心，旋紧连接螺旋后，即可进行对中整平操作。

使用垂球对中和光学对中器对中的操作步骤是不同的，分别介绍如下。

1. 使用垂球对中法安置经纬仪

将垂球悬挂于连接螺旋中心的挂钩上，调整垂球线长度使垂球尖略高于测站点。

（1）粗对中与粗平。平移三脚架（应注意保持三脚架架头面基本水平），使垂球尖大致对准测站点标志，将三脚架的脚尖踩入土中。

（2）精对中。稍微旋松连接螺旋，双手扶住仪器基座，在架头上移动仪器，使垂球尖准确对准测站标志点后，再旋紧连接螺旋。垂球对中的误差应小于 3mm。

（3）精平。旋转脚螺旋使圆水准器气泡居中，转动照准部，旋转脚螺旋，使管水准器气泡在相互垂直的两个方向上居中。旋转脚螺旋精平仪器时，不会破坏前面已完成的垂球对中关系。

2. 使用光学对中器安置经纬仪

光学对中器也是一个小望远镜，如图 5-12 所示。它由保护玻璃 1、反光棱镜 2、物镜 3、物镜调焦镜 4、对中标志分划板 5 和目镜 6 组成。使用光学对中器之前，应先旋转目镜调焦螺旋使对中标志分划板十分清晰，再

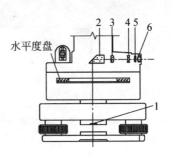

图 5-12　光学对中器结构

旋转物镜调焦螺旋（有些仪器是拉伸光学对中器）看清地面的测点标志。

（1）粗对中。双手握紧三脚架，眼睛观察光学对中器，移动三脚架使对中标志基本对准测站点的中心（应注意保持三脚架头基本水平），将三脚架的脚尖踩入土中。

（2）精对中。旋转脚螺旋使对中标志准确对准测站点的中心，光学对中的误差应小于 1mm。

（3）粗平。伸缩脚架腿，使圆水准器气泡居中。

（4）精平。转动照准部，旋转脚螺旋，使管水准器气泡在相互垂直的两个方向上居中。精平操作会略微破坏前面已完成的对中关系。

（5）再次精对中。旋松连接螺旋，眼睛观察光学对中器，平移仪器基座（注意，不要有旋转运动），使对中标志准确对准测站点标志，拧紧连接螺旋。旋转照准部，在相互垂直的两个方向检查照准部管水准器气泡的居中情况。如果仍然居中，则仪器安置完成，否则应从上述的精平开始重复操作。

光学对中的精度比垂球对中的精度高，在风力较大的情况下，垂球对中的误差将变得很大，这时应使用光学对中器安置仪器。

二、瞄准和读数

测角时的照准标志，一般是竖立于测点的标杆、测钎、吊垂球或觇牌，如图 5-13 所示。测量水平角时，以望远镜的十字丝竖丝瞄准照准标志。望远镜瞄准目标的操作步骤如下。

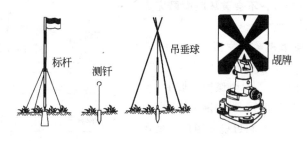

图 5-13　照准标志

1. 目镜对光

松开望远镜制动螺旋和水平制动螺旋，将望远镜对向明亮的背景（如白墙、天空等，注意不要对向太阳），转动目镜使十字丝清晰。

2. 粗瞄目标

用望远镜上的粗瞄器瞄准目标，旋紧制动螺旋，转动物镜调焦螺旋使目标清晰，旋转水平微动螺旋和望远镜微动螺旋，精确瞄准目标。可用十字丝纵丝的单线平分目标，也可用双线夹住目标，如图5-14所示。

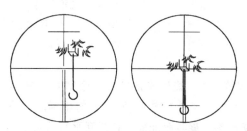

图 5-14　水平角测量瞄准照准标志的方法

3. 读数

读数时先打开度盘照明反光镜，调整反光镜的开度和方向，使读数窗亮度适中，旋转读数显微镜的目镜使刻划线清晰，然后读数。

三、经纬仪的检验与校正

经纬仪的检验、校正项目很多，现只介绍几项主要轴线间几何关系的检校，即照准部水准管轴垂直于仪器的竖轴（$LL \perp VV$），横轴垂直于视准轴（$HH \perp CC$），横轴垂直于竖轴（$HH \perp VV$），以及十字丝竖丝垂直于横轴的检校。另外，由于经纬仪要观测竖角，竖盘指标差的检验和校正要求如下。

1. 照准部水准管轴应垂直于仪器竖轴的检验和校正

（1）检验。将仪器大致整平，转动照准部使水准管平行于一对脚螺旋的连线，调节脚螺旋使水准管气泡居中。转动照准部180°，此时如气泡仍然居中则说明条件满足，如果偏离量超过一格，则应进行校正。

（2）校正。如图5-15a所示，水准管轴水平，但竖轴倾斜，设其与铅垂线的夹角为α。将照准部旋转180°，如图5-15b所示，竖轴位置不变，但气泡不再居中，水准管轴与水平面的交角为2α，通过气泡中心偏离水准管零点的格数表现出来。改正时，先用拨针拨动水准管校正螺旋，使气泡退回偏离量的一半（等于α），如图5-15c所示，此时几何关系即得满足。再用脚螺旋调节水准管气泡居中，如图5-15d所示，这时水准管轴水平，竖轴竖直。

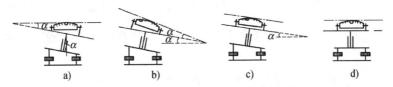

a)   b)   c)   d)

图5-15 照准部管水准器的检验与校正

此项检验校正需反复进行，直到照准部转至任何位置，气泡中心偏离零点均不超过一格为止。

2. 十字丝竖丝应垂直于仪器横轴的检验校正

（1）检验。用十字丝交点精确照准远处一个清晰目标点。旋紧水平制动螺旋与望远镜制动螺旋，慢慢转动望远镜微动螺旋，如目标点不离开竖丝，则条件满足（图5-16a），否则需要校正（图5-16b）。

（2）校正。旋下目镜分划板护盖，松开4个压环螺钉（图5-17），慢慢转动十字丝分划板座，然后再做检验，待条件满足后再拧紧压环螺钉，旋上护盖。

3. 视准轴应垂直于横轴的检验和校正

（1）检验。检验DJ$_6$经纬仪，常用四分之一法。选择一个平坦场

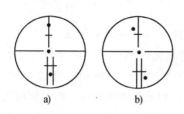

图 5-16　十字丝竖丝的检验与校正

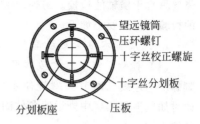

图 5-17　十字丝竖丝的检验与校正

地，如图 5-18 所示。A、B 两点相距 $60 \sim 100m$，安置仪器于中点 O，在 A 点立一标志，在 B 点横置一根刻有毫米分划的小尺，使尺子与 OB 垂直。标志、小尺应大致与仪器同高。盘左瞄准 A 点，纵转望远镜在 B 点尺上读数 B_1（图 5-18a）。盘右再瞄准 A 点，纵转望远镜，又在小尺上读数 B_2（图 5-18b）。若 B_1 与 B_2 重合，则条件满足。如不重合，由图可见，$\angle B_1 O B_2 = 4C$（$\alpha = 0$），由此算得

$$C'' = \frac{\overline{B_1 B_2}}{4D} \cdot \rho'' \qquad (5\text{-}7)$$

式（5-7）中，D 为 O 点至小尺的水平距离。若 $C'' > 60''$，则必须校正。

（2）校正。在尺上定出一点 B_3，使 $\overline{B_2 B_3} = \frac{1}{4} B_1 B_2 \cdot OB_3$ 便和横轴垂直。用拨针拨动图 5-17 中左右两个十字丝校正螺旋，一松一紧，左右移动十字丝分划板，直至十字丝交点与 B_3 影像重合。这项检校也需反复进行。

4. 横轴与竖轴垂直的检验和校正

（1）检验。在距一个高目标约 50m 处安置仪器，如图 5-19 所示。盘左瞄准高处一点 P，然后将望远镜放平，由十字丝交点在墙上定出一点 P_1。盘右再瞄准 P 点，再放平望远镜，在墙上又定出一点 P_2（P_1、P_2 应在同一水平线上，且与横轴平行），则 i 角可依下式计算

$$i'' = \frac{\overline{P_1 P_2}}{2} \cdot \frac{\rho''}{D} \cot\alpha \qquad (5\text{-}8)$$

式中　α——P 点的竖直角；

D——仪器至 P 点的水平距离。

这个式子可由图 5-19 得出

$$2(i) = \overline{P_1P_2}/D$$

$$(i)'' = i''\tan\alpha$$

$$i'' = (i)''\cot\alpha = \frac{\overline{P_1P_2}}{2} \cdot \frac{\rho''}{D}\cot\alpha$$

对 DJ_6 经纬仪，i 角不超过 20″ 可不校正。

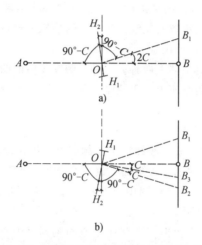

图 5-18　视准轴应垂直于横轴的检验和校正

a）盘左　b）盘右

图 5-19　视准轴应垂直于横轴的检验和校正

（2）校正。此项校正应打开支架护盖，调整偏心轴承环。如需校正，一般应交专业维修人员处理。

5. 竖盘指标差的检验和校正

（1）检验。安置仪器，用盘左、盘右两个镜位观测同一目标点，分别使竖盘指标水准管气泡居中，读取竖盘读数 L 和 R，用 $x = (L + R - 360°)/2$ 计算指标差 x。如 x 超出 $\pm 1'$ 的范围，则需改正。

（2）校正。经纬仪位置不动（此时为盘右，且照准目标点），不含指标差的盘右读数应为 $R - x$。转动竖直度盘指标水准管微动螺旋，使竖盘读数为 $R - x$，这时指标水准管气泡必然不再居中，可用拨针拨动指标水准管校正螺旋使气泡居中。这项检验校正也需反复进行。

6. 光学对中器的检验校正

常用的光学对中器有两种，一种是装在仪器的照准部上，另一种是装在仪器的三角基座上。无论哪一种，都要求其视准轴与经纬仪的竖直轴重合。

（1）装在照准部上的光学对中器

1）检验方法。安置经纬仪于三脚架上，将仪器大致整平（不要求严格整平）。在仪器下方地面上放一块画有"十"字的硬纸板。移动纸板，使对中器的刻划圈中心对准"十"字影像，然后转动照准部180°。如刻划圈中心不对准"十"字中心，则需进行校正。

2）校正方法。找出"十"字中心与刻划圈中心的中点 P。松开两支架间圆形护盖上的两颗螺钉，取下护盖，可见转像棱镜座，如图5-20所示。调节螺钉2可使刻划圈中心前后移动，调节螺钉1可使刻划圈中心左右移动。直至刻划圈中心与 P 点重合为止。

（2）装在三角基座上的光学对中器

1）检验方法。先校水准器。沿基座的边缘，用铅笔把基座轮廓画在三脚架顶部的平面上。然后在地面放一张毫米纸，从光学对中器的视场里标出刻划圈中心在毫米纸上的位置；稍微拧松连接螺旋，转动基座120°后固定。每次需把基座底板放在所画的轮廓线里并整平，分别标出刻划圈中心在毫米纸上的位置，若三点不重合，则找出示误三角形的中心以便改正。

2）校正方法。用拨针或螺钉旋具转动光学对中器的调整螺旋，使其刻划圈中心对准示误三角形中心点。

图 5-21 为 T$_2$ 经纬仪光学对中器外观图。用拨针将光学对中器目镜后的三个校正螺旋（图中只见两个，另一个在镜筒下方）都略为松开，根据需要调整，使刻划圈中心与示误三角形中心一致。

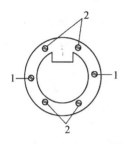

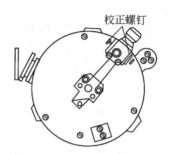

图 5-20 光学对中器校正

图 5-21 T$_2$ 经纬仪光学对中器外观

第四节 角度测量方法

一、水平角的测量方法

常用水平角观测方法有测回法和方向观测法。

1. 测回法

测回法用于观测两个方向之间的单角。如图 5-22 所示，要测量 BA、BC 两方向间的水平角 β，在 B 点安置好经纬仪后，观测 ∠ABC 一个测回的操作步骤如下：

图 5-22 测回法观测水平角

（1）盘左（竖盘在望远镜的左边，也称正镜）瞄准目标点 A，旋开水平度盘变换锁止螺旋，将水平度盘读数配置在 0°左右。检查瞄准情况后读取水平度盘读数为 0°06′24″，计入表 5-1 的相应栏内。

A 点方向称为零方向。由于水平度盘是顺时针注记，因此选取零方向时，一般应使另一个观测方向的水平度盘读数大于零方向的读数。

（2）旋转照准部，瞄准目标点 C，读取水平度盘读数为 111°46′18″，计入表 5-1 的相应栏内。计算正镜观测的角度值为 111°46′18″ - 0°06′24″ = 111°39′54″，称为上半测回角值。

（3）纵转望远镜至盘右位置（竖盘在望远镜的右边，也称倒镜），旋转照准部，瞄准目标点 C，读取水平度盘读数为 291°46′36″，计入表 5-1 的相应栏内。

（4）旋转照准部瞄准目标点 A，读取水平度盘读数为 180°06′48″，计入表 5-1 的相应栏内。计算倒镜观测的角度值为 291°46′36″ - 180°06′48″ = 111°39′48″，称为下半测回角值。

表 5-1　水平角读数观测记录（测回法）

测站	目标	竖盘位置	水平度盘读数	半测回角值	一测回平均角值	各测回平均值
一测回 B	A	左	0°06′24″	111°39′54″	111°39′51″	111°39′52″
	C		111°46′18″			
	A	右	180°06′48″	111°39′48″		
	C		291°46′36″			
二测回 B	A	左	90°06′18″	111°39′48″	111°39′54″	
	C		201°46′06″			
	A	右	270°06′30″	111°40′00″		
	C		21°46′30″			

（5）计算检核。计算出上、下半测回角度值之差为 111°39′54″ - 111°39′48″ = 6″，小于限差值 ±40″ 时取上、下半测回角度值的平均值作为一测回角度值。

测回法半测回角差的允许值，根据图根控制测量的测角中误差为 ±20″，一般取中误差的两倍作为限差，即为 ±40″。

当测角精度要求较高时，一般需要观测几个测回。为了减少水平度盘分划误差的影响，各测回间应根据测回数 n，以 $180°/n$ 为增量配置水平度盘。

　　表 5-1 为观测两测回，第二测回观测时，A 方向的水平度盘应配置为 90°左右。如果第二测回的半测回角差符合要求，则取两测回角值的平均值作为最后结果。

　　2. 方向观测法

　　当测站上的方向观测数不少于 3 时，一般采用方向观测法。如图 5-23 所示，测站点为 O，观测方向有 A、B、C、D 四个。在 O 点安置仪器，在 A、B、C、D 四个目标中选择一个标志十分清晰的点作为零方向。以 A 点为零方向时的一测回观测操作步骤如下：

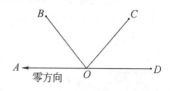

图 5-23　方向观测法观测水平角

　　（1）上半测回操作。盘左瞄准 A 点的照准标志，将水平度盘读数配置在 0°左右（称 A 点方向为零方向），检查瞄准情况后读取水平度盘读数并记录。松开制动螺旋，顺时针转动照准部，依次瞄准 B、C、D 点的照准标志进行观测，其观测顺序是 $A \to B \to C \to D \to A$，最后返回到零方向 A 的操作称为上半测回归零，两次观测零方向 A 的读数之差称为归零差。规范规定，对于 DJ_6 经纬仪，归零差不应大于 18″。

　　（2）下半测回操作。纵转望远镜，盘右瞄准 A 点的照准标志，读数并记录，松开制动螺旋，逆时针转动照准部，依次瞄准 D、C、B、A 点的照准标志进行观测，其观测顺序是 $A \to D \to C \to B \to A$，最后返回到零方向 A 的操作称为下半测回归零。至此，一个测回观测操作完成。如需观测几个测回，各测回零方向应以 $180°/n$ 为增量配置水平度盘读数。

　　（3）计算步骤

　　1）计算 $2C$ 值（又称两倍照准差）。理论上，相同方向的盘左、盘右观测值应相差 180°，如果不是，其偏差值称为 $2C$，计算公式为

$$2C = 盘左读数 - (盘右读数 \pm 180°) \tag{5-9}$$

　　式（5-9）中，盘右读数大于 180°时，取 "$-$" 号；盘右读数小于 180°时，取 "$+$" 号，计算结果填入表 5-2 的第 6 栏。

　　2）计算方向观测的平均值。计算式为

$$平均读数 = \frac{1}{2}\left[盘左读数 + \left(盘右读数 \pm 180°\right)\right] \qquad (5\text{-}10)$$

使用式（5-10）计算时，最后的平均读数为换算到盘左读数的平均值，即盘右读数通过加或减180°后，应基本等于盘左读数，计算结果填入表5-2的第7栏。

3）计算归零后的方向观测值。先计算零方向两个方向值的平均值（见表5-2中括号内的数值），再将各方向值的平均值均减去括号内的零方向值的平均值，计算结果填入表5-2的第8栏。

表5-2　方向观测法观测手簿

测站	测回数	目标	读数		$2C=$左 $-$（右$\pm180°$）	平均读数$=$ $\frac{1}{2}$[左 $+$（右$\pm180°$）]	归零后 方向值	各测回归零后方向值的平均值
			盘左	盘右				
			(°)(′)(″)	(°)(′)(″)	(″)	(°)(′)(″)	(°)(′)(″)	(°)(′)(″)
1	2	3	4	5	6	7	8	9
0	1	A	0 02 06	180 02 00	+6	(0 02 06) 0 02 03	0 00 00	
		B	51 15 42	231 15 30	+12	51 15 36	51 13 30	
		C	131 54 12	311 54 00	+12	131 54 06	131 52 00	
		D	182 02 24	2 02 24	0	182 02 24	182 00 18	
		A	0 02 12	180 02 06	+6	0 02 09		
0	2	A	90 03 30	270 03 24	+6	(90 03 32) 90 03 27	0 00 00	0 00 00
		B	141 17 00	321 16 54	+6	141 16 57	51 13 25	51 13 28
		C	221 55 42	41 55 30	+12	221 55 36	131 52 04	131 52 02
		D	272 04 00	92 03 54	+6	272 03 57	182 00 25	182 00 22
		A	90 03 36	270 03 36	0	90 03 36		

4）计算各测回归零后方向值的平均值。取各测回同一方向归零后方向值的平均值，计算结果填入表5-2的第9栏。

5）计算各目标间的水平夹角。根据表5-2的第9栏的各测回归零后方向值的平均值，可以计算出任意两个方向之间的水平夹角。

3. 方向观测法的限差

方向观测法的限差应符合表5-3的规定。

表5-3　方向观测法的限差

经纬仪等级	半测回归零差	一测回内$2C$互差	同一方向值各测回较差
DJ_2	12″	18″	9″
DJ_6	18″	—	24″

当照准点的垂直角超过±3°时，该方向的2C较差可按同一观测时间段内的相邻测回进行比较，其差值仍符合表5-3的规定。按此方法比较应在手簿中注明。

在表5-2的计算中，两个测回的归零差分别为6″和12″，小于限差要求的18″；B、C、D三个方向值两测回较差分别为5″、4″、7″，小于限差要求的24″。观测结果满足规范的要求。

4. 水平角观测的注意事项

（1）仪器高度应与观测者的身高相适应；三脚架要踩实，仪器与脚架连接应牢固，操作仪器时不要用手扶三脚架；转动照准部和望远镜之前，应先松开制动螺旋，操作各螺旋时，用力要轻。

（2）精确对中，特别是对短边测角，对中要求应更严格。

（3）当观测目标间高低相差较大时，更应注意整平仪器。

（4）照准标志要竖直，尽可能用十字丝交点瞄准标杆或测钎底部。

（5）记录要清楚，应当场计算，发现错误，立即重测。

（6）一测回水平角观测过程中，不得再调整照准部管水准器气泡，如气泡偏离中央超过2格时，应重新整平与对中仪器，重新观测。

二、竖直角的测量方法

竖直角观测应用横丝瞄准目标的特定位置，例如标杆的顶部或标尺上的某一位置。竖直角观测的操作步骤如下：

（1）在测站点上安置经纬仪，用钢卷尺量出仪器高 i。仪器高是测站点标志顶部到经纬仪横轴中心的垂直距离。

（2）盘左瞄准目标，使十字丝横丝切于目标某一位置，旋转竖盘指标管水准器微动螺旋使竖盘指标管水准器气泡居中，读取竖盘读数 L。

（3）盘右瞄准目标，使十字丝横丝切于目标同一位置，旋转竖盘指标管水准器微动螺旋使竖盘指标管水准器气泡居中，读取竖盘读数 R。竖直角的记录见表5-4。

三、角度测量操作要领及注意事项

1. 误差产生原因及注意事项

（1）采用正倒镜法，取其平均值，以消除或减小误差对测角的影响。

表5-4 竖直角的记录

测站	目标	竖盘位置	竖盘读数 (°)(′)(″)	半测回竖直角 (°)(′)(″)	指标差 (″)	一测回竖直角 (°)(′)(″)
A	B	左	81 18 42	+ 8 41 18	+6	+ 8 41 24
		右	278 41 30	+ 8 41 30		
	C	左	124 03 30	− 34 03 30	+12	− 34 03 18
		右	235 56 54	− 34 03 06		

（2）对中要准确，偏差不要超过2～3mm，后视边应选在长边，前视边越长，对投点误差越大，而对测量角的精度越高。

（3）三脚架头要支平，采用线坠对中时，架头每倾斜6mm，垂球线约偏离度盘中心1mm。

（4）目标要照准。物镜、目镜要仔细对光，以消除视差。要用十字线交点照准目标。投点时铅笔要与竖丝平行，以十字线交点照准铅笔尖。测点立花杆时，要照准花杆底部。

（5）仪器要安稳，观测过程不能碰动三脚架，强光下要撑伞，观测过程要随时检查水准管气泡是否居中。

（6）操作顺序要正确。使用有复测器的仪器，照准后视目标读数后，应先扳上复测器，后放松水平制动螺旋，避免度盘随照准部一起转动，造成错误。在瞄准前视目标过程中，复测器扳上再转动水平微动螺旋，测微螺旋式仪器要对齐指标线后再读数。

（7）如仪器不平（横轴不水平），望远镜绕横轴旋转扫出的是一个斜面，竖角越大，误差越大。

（8）测量成果要经过复核，记录要规则，字迹要清楚。

2. 指挥信号

水平角测量过程与水准测量过程的指挥方式基本相同。略有不同的是：在测角、定线、投点过程中，如果目标（铅笔、花杆）需向左移动，观测员要向身侧伸出左手，掌心朝外，做向左摆动姿势；若目标需向右移动，观测员要向右伸手，做向右摆动姿势。若视距很远要以旗势代替手势。

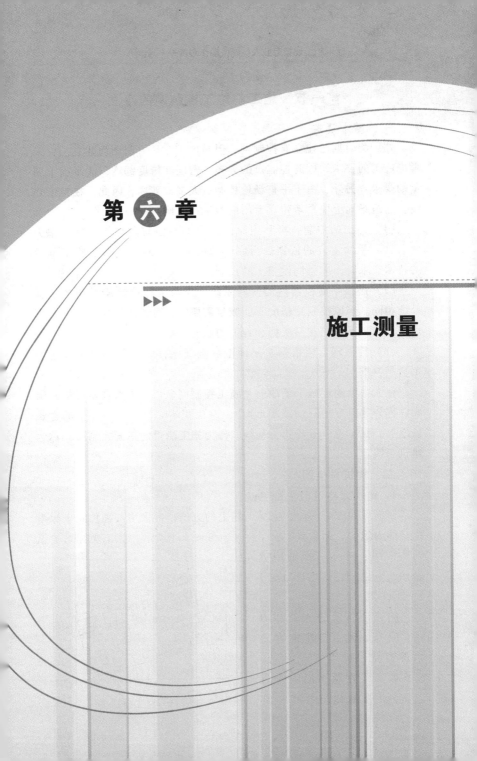

第 六 章

▶▶▶

施工测量

第一节 施工前施工控制网的建立

一、基本要求

在勘测时期已建立有控制网，但是由于它是为测图而建立的，未考虑施工的要求，因此控制点的分布、密度和精度都难以满足施工测量的要求。另外，由于平整场地控制点大多被破坏，因此，在施工之前，建筑场地上要重新建立专门的施工控制网。

（1）施工的控制，可利用原区域内的平面与高程控制网，作为建（构）筑物定位的依据。当原区域内的控制网不能满足施工测量的技术要求时，应另测设施工的控制网。

（2）施工平面控制网的坐标系统，应与工程设计所采用的坐标系统相同。当原控制网精度不能满足需要时，可选用原控制网中个别点作为施工平面控制网坐标和方位的起算数据。

（3）控制网点应根据总平面图和现场条件等测设，满足现场施工测量要求。

在大中型建筑施工场地上，施工控制网多用正方形或矩形格网组成，称为建筑方格网（或矩形网）。在面积不大且不十分复杂的建筑场地上，常布置一条或几条基线，作为施工测量的平面控制线，称为建筑基线。

二、建筑方格网

1. 建筑方格网的坐标系统

在设计和施工部门，为了工作上的方便，常采用一种独立坐标系统，称为施工坐标系或建筑坐标系。如图 6-1 所示，施工坐标系的纵轴通常用 A 表示，横轴用 B 表示，施工坐标也叫 A、B 坐标。

施工坐标系的 A 轴和 B 轴，应与厂区主要建筑物或主要道路、管线方向平行。坐标原点设在总平面图的西南角，使所有建筑物和构筑

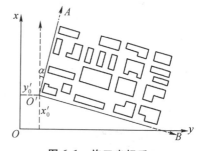

图 6-1 施工坐标系

物的设计坐标均为正值。施工坐标系与国家测量坐标系之间的关系，可用施工坐标系原点 O' 的测量系坐标 x_0'、y_0' 及 $O'A$ 轴的坐标方位角 α 来确定。在进行施工测量时，上述数据由勘察设计单位给出。

2. 建筑方格网的布置

（1）建筑方格网的布置和主轴线的选择。建筑方格网的布置，应根据建筑设计总平面图上各建筑物、构筑物、道路及各种管线的布设情况，结合现场的地形情况拟定。如图 6-2 所示，布置时应先选定建筑方格网的主轴线 MN 和 CD，然后再布置方格网。方格网的形式可布置成正方形或矩形，当场区面积较大时，常分两级。首级可采用"十"字形、"口"字形或"田"字形，然后再加密方格网。当场区面积不大时，尽量布置成全面方格网。

布网时，如图 6-2 所示，方格网的主轴线应布设在厂区的中部，并与主要建筑物的基本轴线平行。方格网的折角应严格成 90°。方格网的边长一般为 100～200m；矩形方格网的边长根据建筑物的大小和分布确定，为了便于使用，边长尽可能为 50m 或它的整倍数。

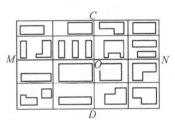

图 6-2 建筑方格网的布置

方格网的边应保证通视且便于测距和测角，点位标石应能长期保存。

（2）确定主点的施工坐标。如图 6-3 所示，MN、CD 为建筑方格网的主轴线，它是建筑方格网扩展的基础。当场区很大时，主轴线很长，一般只测设其中的一段，如图中的 AOB 段，该段上 A、O、B 点是主轴线的定位点，称为主点。主点的施工坐标一般由设计单位给出，也可在总平面图上用图解法求得一点的施工坐标后，再按主轴线的长度推算其他主点的施工坐标。

（3）求算主点的测量坐标。当施工坐标系与国家测量坐标系

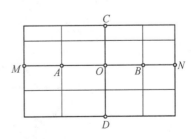

图 6-3 确定主点的施工坐标

不一致时，在施工方格网测设之前应把主点的施工坐标换算为测量坐标，以便求算测设数据。

如图 6-4 所示，设已知 P 点的施工坐标为 A_P、B_P，换算为测量坐标时，可按下式计算

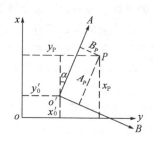

图 6-4　求主点的测量坐标

$$\left.\begin{array}{l} x_P = x_0' + A_P\cos\alpha - B_P\sin\alpha \\ y_P = y_0' + A_P\sin\alpha + B_P\cos\alpha \end{array}\right\} \quad (6\text{-}1)$$

3. 建筑方格网的测设

图 6-5 中的 1、2、3 点是测量控制点，A、O、B 为主轴线的主点。首先将 A、O、B 三点的施工坐标换算成测量坐标，再根据它们的坐标反算出测设数据 D_1、D_2、D_3 和 β_1、β_2、β_3；然后按极坐标法分别测设出 A、O、B 三个主点的概略位置，如图 6-6 所示，以 A'、O'、B' 表示，并用混凝土桩把主点固定下来。混凝土桩顶部常设置一块 $10\text{cm} \times 10\text{cm}$ 的铁板，供调整点位使用。受主点测设误差的影响，三个主点一般不在一条直线上，因此需在 O' 点上安置经纬仪，精确测量 $\angle A'O'B'$ 的角值 β，β 与 $180°$ 之差超过限差时应进行调整，各主点应沿 AOB 的垂线方向移动同一改正值 δ，使三主点成一直线。δ 值可按式（6-3）计算。图 6-6 中，u 和 r 角均很小，故

$$\left.\begin{array}{l} u = \dfrac{\delta}{\dfrac{a}{2}}\rho = \dfrac{2\delta}{a}\rho \\ \\ r = \dfrac{\delta}{\dfrac{b}{2}}\rho = \dfrac{2\delta}{b}\rho \end{array}\right\} \quad (6\text{-}2)$$

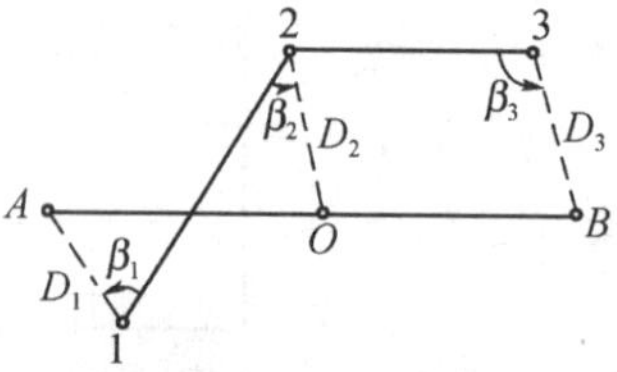

图 6-5　测量控制点

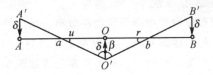

图6-6　测设出 A、O、B 三个主点的概略位置

而

$$180° - \beta = u + r = \left(\frac{2\delta}{a} + \frac{2\delta}{b}\right)\rho = 2\delta\left(\frac{a+b}{ab}\right)\rho$$

$$\delta = \frac{ab}{2(a+b)}\frac{1}{\rho}(180° - \beta) \qquad (6\text{-}3)$$

移动 A'、O'、B' 三点之后再测量 $\angle AOB$，如果测得的结果与 $180°$ 之差仍超限，应再进行调整，直到误差在允许范围之内为止。

A、O、B 三个主点测设好后，如图 6-7 所示，将经纬仪安置在 O 点，瞄准 A 点，分别向左、向右转 $90°$，测设出另一主轴线 COD；同样用混凝土桩在地上定出其概略位置 C'、D'，再精确测出 $\angle AOC'$ 和 $\angle AOD'$，分别算出它们与 $90°$ 之差 ε_1 和 ε_2。并计算出改正值 l_1 和 l_2

$$l = L\frac{\varepsilon''}{\rho''} \qquad (6\text{-}4)$$

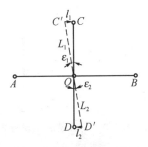

图 6-7　测设主轴线 COD

式中　L——O、C' 或 O、D' 间的距离。

C、D 两点定出后，还应实测改正后的 $\angle COD$，它与 $180°$ 之差应在限差范围内。然后精密测量出 OA、OB、OC、OD 的长度，在铁板上刻出其点位。

主轴线测设好后，分别在主轴线端点上安置经纬仪，均以 O 点为起始方向，分别向左、向右测设出 $90°$ 角，这样就交会出田字形方格网点。为了进行校核，还要安置经纬仪于方格网点上，测量其角值是否为 $90°$，并测量各相邻点间的距离，看它是否与设计边长相等，误差均应在允许范围之内。此后再以基本方格网点为基础，加密方格网中其余各点。

三、建筑基线的布置

建筑基线的布置也是根据建筑物的分布，场地的地形和原有控制点的状况而选定的。建筑基线应靠近主要建筑物，并与其轴线平行，以便采用直角坐标法进行测设，通常可布置成如图6-8所示的几种形式。为了便于检查建筑基线点有无变动，基线点数不应少于三个。

根据建筑物的设计坐标和附近已有的测量控制点，在图上选定建筑基线的位置，求算测设数据，并在地面上测设出来。如图6-9所示，根据测量控制点1、2，用极坐标法分别测设出 A、O、B 三个点。然后把经纬仪安置在 O 点，观测 $\angle AOB$ 是否等于90°，其误差值不应超过 $\pm 24''$。测量 OA、OB 两段距离，分别与设计距离相比较，其误差值不应大于 1/10000。否则，应进行必要的点位调整。

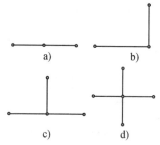

图6-8　建筑基线布置形式

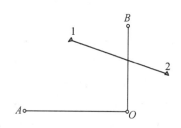

图6-9　极坐标法测设 A、O、B 点

四、测设工作的高程控制

在建筑场地上，水准点的密度应尽可能满足安置一次仪器即可测设出所需的高程点。而测绘地形图时敷设的水准点往往是不够的，因此，还需增设一些水准点。在一般情况下，建筑方格网点也可兼作高程控制点。只要在方格网点桩面上中心点旁边设置一个突出的半球状标志即可。

在一般情况下，采用四等水准测量方法测定各水准点的高程，而对连续生产的车间或下水管道等，则需采用三等水准测量方法测定各水准点的高程。

此外，为了测设方便和减少误差，在一般厂房的内部或附近应专门设置 ± 0.000 水准点。但需注意设计中各建（构）筑物的 ± 0.000 高程不一定相等，应严格加以区别。

第二节 建筑施工测量准备工作

一、施工测量准备工作目的及内容

1. 准备工作的主要目的

施工测量准备工作是保证施工测量全过程顺利进行的基础环节。准备工作的主要目的有以下 4 项：

（1）了解工程总体情况。包括工程规模、设计意图、现场情况及施工安排等。

（2）取得正确的测量起始依据。包括设计图纸的校核，测量依据点位的校测，仪器、钢尺的检定与检校。取得正确的测量起始依据是准备工作的核心，是做好施工测量的基础。

（3）制订切实可行又能预控质量的施测方案。根据实际情况与施工测量规程要求制定，并向上级报批。

（4）施工场地布置的测设。按施工场地总平面布置图的要求进行场地平整、施工暂设工程的测设等。

2. 准备工作的主要内容

（1）检定与检校仪器、钢尺

1）经纬仪。对光学经纬仪与电子经纬仪应按《光学经纬仪》（JJG 414—2011）与《全站型电子速测仪检定规程》（JJG 100—2003）要求按期送检，此外每季度应进行以下项目的检校：

① 水准管轴（LL）垂直于竖轴（W），误差小于 $r/4$（r 是水准管分划值）。

② 视准轴（CC）垂直于横轴（HH），DJ$_6$、DJ$_2$ 经纬仪 2C（$CC \perp HH$ 误差的两倍）应分别在 $\pm 20''$、$\pm 16''$ 之内。

③ 横轴（HH）垂直于竖轴（w），DJ$_6$、DJ$_2$ 经纬仪 i 值（$HH \perp VV$ 的误差）应分别在 $\pm 20''$、$\pm 15''$ 之内。

④ 光学对中器。

2）水准仪。应按《水准仪检定规程》（JJG 425—2003）（第 5.7.1 条）要求按期送检，此外每季度应进行以下项目的检校：

① 水准盒轴（$L'L'$）平行于竖轴（VV）。

② 视准线不水平的检校，DS3 水准仪 i 角误差应在 $\pm 12''$ 之内。

3）测距仪与全站仪。应按《光电测距仪检定规程》（JJG 703—2003）（第7.4.3条）与《全站型电子速测仪检定规程》（JJG 100—2003）（第8.4.3条）要求定期送检。

4）钢卷尺。应按《钢卷尺检定规程》（JJG 4—1999）（第7.1.2条）要求按期送检。

以上仪器与量具必须送授权计量检测单位检定。

（2）了解设计意图、学习与校核设计图纸

1）总平面图的校核

① 建设用地红线桩点（界址点）坐标与角度、距离是否对应。

② 建筑物定位依据及定位条件是否明确、合理。

③ 建（构）筑物群的几何关系是否交圈、合理。

④ 各幢建筑物首层室内地面设计高程、室外设计高程及有关坡度是否对应、合理。

2）建筑施工图的校核

① 建筑物各轴线的间距、夹角及几何关系是否交圈。

② 建筑物的平面、立面、剖面及节点大样图的相关尺寸是否对应。

③ 各层相对高程与总平面图中有关部分是否对应。

3）结构施工图的校核

① 以轴线图为准，核对基础、非标准层及标准层之间的轴线关系是否一致。

② 核对轴线尺寸、层高、结构尺寸（如墙厚、柱断面、梁断面及跨度、楼板厚等）是否合理。

③ 对照建筑图，核对两者相关部位的轴线、尺寸、高程是否对应。

4）设备（暖通空调、给水排水、电气）施工图的校核

① 对照建筑、结构施工图，核对有关设备的轴线尺寸及高程是否对应。

② 核对设备基础、预留孔洞、预埋件的位置、尺寸、高程是否与土建施工图一致。

（3）校核红线桩（定位桩）与水准点

1）核算总平面图上红线桩的坐标与其边长、夹角是否对应（即红线桩坐标反算）

① 根据红线桩的坐标值，计算各红线边的坐标增量。

② 计算红线边长 D 及其方位角 φ。

③ 根据各边方位角按公式（6-5）计算各红线间的左夹角 β_i

$$\beta_i = \varphi_{ij} - \varphi_{i-1i} \pm 180°\qquad(6\text{-}5)$$

式中　φ_{ij}——下一边的方位角；

φ_{i-1i}——上一边的方位角。

2）校测红线桩边长及左夹角

① 红线桩点数量应不少于三个。

② 校测红线桩的允许误差：角度 $\pm 60''$、边长 $1/2500$、点位相对于邻近控制点的误差为 $5\,cm$。

3）校测水准点

① 水准点数量应不少于两个。

② 用附合测法校测，允许闭合差为 $\pm n6\,mm$（n 为测站数）。

（4）制订测量放线方案。根据设计要求与施工方案，并遵照《工程测量规范》（GB 50026—2007）与《质量体系 基础和术语》（GB/T 19000—2008）制订切实可行又能预控质量的施工测量方案。

二、校核施工图

1. 校核施工图上的定位依据与定位条件

（1）定位依据。建筑物的定位依据必须明确，一般有以下三种情况：

1）城市规划部门给定的城市测量平面控制点。多用于大型新建工程（或小区建设工程）。四等三角网与一级小三角最弱边长中误差分别为 $1/45000$ 与 $1/20000$，四等与一级光电导线全长闭合差分别为 $1/40000$ 与 $1/14000$。其精度均较高，但使用前要校测，以防用错点位、数据或点位变动。

2）城市规划部门给定的建筑红线，多用于一般新建工程。红线桩点位中误差与红线边长中误差均为 $5\,cm$，故在使用红线桩定位时，应按要求选择好定位依据的红线桩。

3）原有永久性建（构）筑物或道路中心线多用于现有建筑群体

内的扩、改建工程。这些作为定位依据的建（构）筑物必须是四廓（或中心线）规整的永久性建（构）筑物，如砖石或混凝土结构的房屋、桥梁、围墙等，而不应是外廓不规整的临时性建（构）筑物，如车棚、篱笆、铁丝网等。在诸多现有建（构）筑物中，应选择主要的、大型的建（构）筑物为依据，在定位依据不十分明确的情况下，应请设计单位会同建设单位现场确认，以防出错。

（2）定位条件。建筑物定位条件要合理，应是能唯一确定建筑物位置的几何条件。最常用的定位条件是：确定建筑物上的一个主要点的点位和一个主要轴线（或主要边）的方向。这两个条件少一个则不能定位，多一个则会产生矛盾。由于建（构）筑物总平面图要送规划部门审批，图上的定位条件多要满足各方面的要求，如建（构）筑物间距要满足不挡阳光、要满足消防车的通过等，这样就需要请设计单位明确哪些是必须满足的主要定位条件和定位尺寸。

（3）定位依据与定位条件有矛盾或有错误的情况处理

1）一般应以主要定位依据、主要定位条件为准，进行图纸审定，以达到定位合理的目的，做到既满足整体规划的要求，又满足工程使用的要求。

2）在建筑群体中，各建筑之间的相对位置关系往往直接影响建筑物的使用功能，如南北建筑物不能相互挡阳；一般建筑物之间应能满足各种地下管线的敷设，地上道路的顺直、通行与防火间距等。这些条件在审图中均应注意。

3）当定位依据与定位条件有矛盾时，应及时向设计单位提出，求得合理解决，施工方无权自行处理。

2. 校核建筑物四廓边界尺寸是否交圈

校核建筑物四廓边界尺寸是否交圈，可分以下四种情况：

（1）矩形图形。主要核算纵向、横向两对边尺寸是否相等，以及有关轴线关系是否对应，尤其是纵向或横向两端不贯通的轴线关系，更应注意。

（2）梯形图形。主要核算梯形斜边与高的比值是否与底角（或顶角）相对应。

（3）多边形图形。要分别核算内角和条件与边长条件是否满足。

1）内角和条件。多边形的内角和 $\sum \beta = (n-2) \times 180°$ （n 为多边形的边数）。

2）边长条件核算方法有两种：

① 划分三角形法。选择有两个长边的顶点为极，将多边形划分为 $(n-2)$ 个三角形，先从最长边一侧的三角形（已知两边、一夹角）开始，用余弦定理求得第三边后，再用正弦定理求得另外两夹角，然后依据刚求得边长的三角形，依次解算各三角形至另一侧。当最后一个三角形求得的边长及夹角与已知值相等时，则此多边形四廓尺寸交圈。

② 投影法。按计算闭合导线的方法，计算多边形各边在两坐标轴上投影的代数和应等于零（$\sum \Delta y = 0.000$，$\sum \Delta x = 0.000$），以核算其尺寸是否交圈。

（4）圆弧形图形。按测设圆曲线的方法核算圆弧形尺寸是否交圈。

3. 审核建筑物 ±0.000 设计高程

主要从以下几方面考虑：

（1）建筑物室内地面 ±0.000 的绝对高程，与附近既有建筑物或道路的绝对高程是否对应。

（2）在新建区内的建筑物室内地面 ±0.000 的绝对高程，与建筑物所在的原地面高程（可由原地面等高线判断），尤其是场地平整后的设计地面高程（可由设计地面等高线判断）相比较，判断其是否合理。

（3）建筑物自身对高程有特殊要求，或与地下管线、地上道路相连接有特殊要求的，应特殊考虑。

三、校核建筑红线桩和水准点

1. 校核红线桩

（1）建筑红线。城市规划行政主管部门批准并实地测定的建设用地位置的边界线，也是建筑用地与市政用地的分界线，红线（桩）点也叫界址（桩）点。

（2）施工中的作用。建筑物定位的依据与边界线。

（3）使用中注意事项

1) 使用红线（桩）前，应进行校测，检查桩位是否有误或碰动。

2) 施工过程中，应保护好桩位。

3) 沿红线兴建的建（构）筑物放线后，应由市规划部门验线合格后，方可破土。

4) 新建建筑物不得压红线、超红线。

（4）校测红线桩的目的。红线桩是施工中建筑物定位的依据，若用错了桩位或被碰动，将直接影响建筑物定位的正确性，从而影响城市的规划建设。

（5）红线桩校测方法

1) 当相邻红线桩通视、且能量距时，实测各边边长及各点的左角，用实测值与设计值比较，以做校核。

2) 当相邻红线桩不通视时，则根据附近的城市导线点，用附合导线或闭合导线的形式测定红线桩的坐标值，以做校核。

3) 当相邻红线桩互不通视，且附近又没有城市导线点时，则根据现场情况，选择一个与两红线桩均通视、可量距的点位，组成三角形，测量该夹角与两邻边，然后用余弦定理计算对边（红线）边长，与设计值比较以做校核。

2. 校测水准点

（1）目的。水准点是建筑物高程定位的依据，若点位或数据有误，均可直接影响建筑物高程的正确性，从而影响建筑物的使用功能。校测水准点，即为了取得正确的高程起始依据。

（2）测法。对建设单位提供的两个水准点进行附合校测，用实测高差与已知高差比较，以做校核。若建设单位只提供一个水准点（或高程依据点），则必须请其出具确认证明，以保证点位与高程数据的有效性。

第三节　场地平整施工测量

场地平整的目的是将高低不平的建筑场地平整为一个水平面（特殊情况时平整为倾斜面）。其中，测量工作的主要任务是为挖、填土方的平衡而做相应的施工标志，并且计算出挖（填）土方量。

一、土方方格网的测设及挖（填）土方量计算

土方方格网不同于前面所讲的施工方格网。施工方格网用来控制建筑物的位置，其方格网点具有坐标值，所以要根据控制点的坐标来测设。而土方方格网仅仅用来测算土方量，其方格网点并不带坐标值，所以无需根据控制点的坐标来测设，而只把要平整的场地用纵、横相交的网点连线分成面积相等的若干个小方格就行了，并且测设精度要求较低，其点位误差允许值为 ±30cm，标高误差允许值为 ±2cm，平整范围定线误差为 ±20cm。当然，若把施工方格网加密，则施工方格网也可作为土方方格网来测算土方量。

土方方格网可用经纬仪或钢卷尺、皮尺在平整场地上的任何方向测设，每个小方格的边长依场地大小、地面起伏状况和精度要求确定，一般为 10～40m，通常采用 20m。每个方格网点要用木桩标定并按顺序编号。

土方方格网有满边方格网与退格方格网之分，其测设方法也有所不同，现分别介绍如下。

1. 满边方格网的测设方法及挖（填）土方量计算

（1）测设方法。如图 6-10 所示，A、B、C、D 为一块平整场地的四个边界点，1、5、21、25 为在该场地上布设的方格网的四个角点。像这种在平整场地的边界上就开始设网点的方格网叫满边方格网，其测设步骤要点如下：

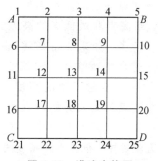

图 6-10　满边方格网

1）在任一角点 A 安置经纬仪，后视另一角点 B，转 90° 水平角而定出 C 点。把 AB 间隔均匀地分成若干等份，用钢卷尺量距定点（或用测距仪测边定点），以下类同。把 AC 间隔均匀地分成若干等份（不一定与 AB 边各份的距离相同），用钢卷尺量距定点。

2）在 C 点安置经纬仪，后视 A 点，转 90° 水平角，按 AB 边边长的分法定出 D 点，把 BD 按 AC 边边长的分法分成若干等份，用钢卷

尺量距定点。这样，方格网四个周边及其周边上各点就测设出来了。若闭合边 BD 在允许值内，则可进行中间各网点的测设。

3）在周边各网点上用经纬仪转直角定线，用钢卷尺量距来定出中间各网点的位置，并用木桩标定。这样，满边方格网就测设完毕。

（2）测定各网点的地面高程。根据场地附近水准点，用水准仪按水准测量的方法测定各网点的地面标高。若场地附近没有水准点，则可认定一个固定点（并假设其高程值）作为后视点，测出各点的相对高程。因为测定各网点标高的目的只是要找出各网点之间的高差、确定各网点的平均高度和计算施工高度，进而算出挖（填）土方量，所以，用假定后视点高程的方法是完全可以的。

（3）计算各网点的平均高程值。在图 6-11 中，各方格网点处上面的数字为所测得的各方格网点的地面标高。从这些数字中可以看出，各方格网点的地面高程不尽一致，最高点和最低点的高差达一米多。如果要将高就低地把这块场地整平，就必然存在一个不挖不填的高度。这个高度就是各方格网点的平均高度。高于平均高度的

$H_{平均}=51.57$

51.24	51.08	51.18	51.31	51.47
−0.33	−0.49	−0.39	−0.26	−0.10
51.41	51.21	51.29	51.38	51.61
−0.16	−0.36	−0.28	−0.19	+0.04
51.85	51.53	51.26	51.68	51.85
+0.28	−0.04	−0.31	+0.11	+0.28
52.00	51.64	51.39	51.77	52.06
+0.43	+0.07	+0.18	+0.20	+0.49
52.10	51.94	51.96	52.12	52.42
+0.53	+0.37	+0.39	+0.55	+0.86

图 6-11　各网点的地面高程

地方就要挖，低于平均高度的地方就要填，高多少就挖多少，低多少就填多少，这样，挖、填将自然平衡（即挖方量等于填方量）。因此，要想计算挖（填）土方量，必须首先计算出各方格网点的平均高程值。

1）用算术平均法计算各方格网点的平均高程值。用算术平均法计算各方格网点的平均高程值的方法是：把各方格网点的地面标高数字全部加起来，然后再除以方格网点的个数，即

$$H_{平均} = \frac{\sum\limits_{i=1}^{n} H_i}{n} \tag{6-6}$$

式中　$H_{平均}$——各方格网点的算术平均高程；

$\qquad H_i$——各方格网点的单个高程；

$\qquad n$——方格网点的个数。

代入图 6-11 中的数据，该方格网点的平均高程为 $H_{平均} = 51.63\text{m}$。

2）用加权平均法计算各方格网点的平均高程值。用加权平均法计算各方格网点的平均高程值的基本思想是，先根据各小方格角上的四个高程数据，算出各小方格的平均高程值，然后根据各小方格的平均高程值，再算出整个方格网的平均高程值。

例如，在图 6-11 由 1、2、6、7 四个网点组成的小方格中，其平均高程为 1、2、6、7 四个网点的单个高程加起来除以 4；由 2、3、7、8 四个网点组成的小方格中，其平均高程为 2、3、7、8 四个网点的单个高程加起来除以 4。不难发现，在计算上述两个小方格各自的平均高程时，2、7 两点的单个高程值用了两次。再观察整个计算过程，可以得出这样的规律：在计算各小方格的平均高程值时，1、5、21、25 这四个角的高程值只参与计算一次，2、3、4、…边点的高程值将参与计算两次，7、8、9、…中间点的高程值将参与计算四次（凹角点为三次，本例中暂无）。我们把各网点单个高程值参与计算的次数称为各点的权。

根据上述规律可以总结出用加权平均法来计算各网点的平均高程值的方法为：用各网点的高程值乘以该点的权，并求出其总和，然后再除以各点权的总和，即

$$H_{平均} = \frac{\sum\limits_{i=1}^{n} P_i H_i}{\sum\limits_{i=1}^{n} P_i} \tag{6-7}$$

式中　$H_{平均}$——各方格网点的加权平均高程；

$\qquad H_i$——各方格网点的单个高程；

$\qquad P_i$——各方格网点的权；

$\qquad n$——方格网点的个数。

代入图 6-11 中的数据，该方格网点的平均高程为 $H_{平均}=51.57$m。

像这种在求一群已知数的平均数时，不但要考虑这群已知数的数值，而且还把这些数各自的权也带进去参加计算的方法，叫加权平均法，其算得的值叫加权平均值。

把用加权平均法算得的结果与用算术平均法算得的结果进行比较，可以看出两个结果其值不等。用加权平均法算得的结果精度高，加权平均值比算术平均值更接近于真值。

（4）计算各网点的施工高度。各网点的施工高度也就是各网点的应挖高度或应填深度。其计算方法是，用各网点的单个地面高程值减去加权平均高程值。若算得的差为正，则表示应挖；若算得的差为负，则表示应填；若算得的差为零，则表示不挖不填。将其计算结果标注在方格网图各网点地面高程值的下面，如图 6-11 所示，并在平整现场各网点的标桩上写明。

（5）计算各小方格的施工高度。把各小方格四个角点上的施工高度求代数和，然后再除以 4，即得各小方格的施工高度，也就是在这个小方格面积范围内的应挖高度或应填深度。各小方格的施工高度计算出后，标注在方格网各小方格的中央（如图 6-12 所示，也可以直接标在图 6-11 上），以便于计算挖（填）土方量。

-0.34	-0.38	-0.28	-0.13
-0.07	-0.25	-0.17	$+0.06$
$+0.18$	-0.12	-0.04	$+0.27$
$+0.35$	$+0.16$	$+0.24$	$+0.52$

图 6-12　施工高度的表示

显然，各小方格的施工高度有正有负，这正说明有挖有填。如果计算无误的话，那么应挖高度和应填深度一定相等，而且以此算出的应挖方量与应填方量也必然相等。

（6）计算挖（填）土方量。将各小方格的施工高度乘以其面积，就得到各小方格的挖（填）土方量，其正值的总和为总挖方量，其负值的总和为总填方量。计算后如果看到总挖高等于总填深，总挖方等于总填方，则表明此块场地平整，挖、填平衡，测算无误。

2. 退格方格网的测设方法及挖（填）土方量计算

在布设土方方格网时，为了计算土方量的方便，可由场地的纵、

横边界分别向内缩进半个小方格边长
而开始布设网点。这样，各网点实际
上就是满边方格网各小方格的中心
（图6-13中纵、横虚线的交点）。像这
种由平整场地的边界向内缩进一个尺
寸后才开始布设网点的方格网叫退格
方格网。例如，图6-13中虚线所构成
的方格网就是退格方格网。

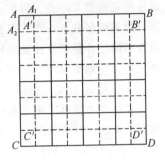

图6-13　退格方格网

（1）退格方格网的测设要点

1）按测设满边方格网的方法定出 AB 与 AC 边。

2）在 AB 边上自 A 点起量取半个小方格边长为 A_1 点，在 AC 边
上自 A 点起量取半个小方格边长为 A_2 点。

3）过 A_1 点作 AC 的平行线，过 A_2 点作 AB 的平行线，两平行线
的交点即为退格方格网的交点 A'。

4）在 A' 点安置经纬仪，延长 A_2A'、并按各方格的边长量距得 B'
点。再转90°水平角，同样按各方格的边长量距得 C' 点。

5）以下再按测设满边方格网的方法即可以测设出退格方格网。

（2）测定各网点的地面高程。测设方法与测定满边方格网各网
点的地面高程的方法相同。只不过此时各网点的地面高程实际上已代
表满边方格网相应小方格的平均高程。

（3）计算各网点的平均高程值。计算各网点的平均高程值时，
仍可用算术平均法和加权平均法。因加权平均法较为精确，所以，通
常都采用加权平均法。

（4）计算各网点的施工高度。各网点施工高度的计算方法仍然
是用各网点的地面高程值减去加权平均高程值。此时，各网点的施工
高度就是满边方格网中相应小方格的施工高度，可直接用它来计算挖
（填）土方量。

（5）计算挖（填）土方量。各网点的施工高度乘以各小方格的
面积，就是各小方格的挖（填）土方量。若各网点的挖高与填深相
等，且总挖方又等于总填方，则表明计算无误。

从两种方格网的测设与土方量的计算过程来看，满边方格网的测

设过程稍稍简单一点，但数据多且计算过程也多一步；退格方格网的测设过程稍稍复杂一点，但数据少且计算过程较简单。可以肯定，满边方格网的计算精度比退格网高，特别是在地面高低变化不均匀的场地上进行场地平整时，不宜采用退格方格网。

二、零线位置的标定

在场地平整施工中，有时需要将挖、填的分界线测定于地上，并撒出白灰线，作为施工时掌握挖与填的标志线。这条挖与填的标志线在场地平整测量中叫做零线。

1. 零点的计算

在高低不平的地面上进行场地平整，总有一个不挖不填的高度，在已算出各方格网点的施工高度后，如一点为挖方，另一相邻点为填方，则在这两点之间，必然存在一个不挖不填的点，这个不挖不填的点在场地平整测量中就叫做零点。求出零点的位置后，把相邻零点连接起来，就得到了零线。

零点位置的计算公式为

$$x_1 = \frac{ah_1}{h_1 + h_2}　\qquad (6\text{-}8)$$

式中　a——小方格边长；

h_1、h_2——相邻两方格点的施工高度，其符号相反，均用绝对值代入计算；

x_1——零点与施工高度为 h_1 的方格点间的距离。

2. 零线的连成

零点的位置全部计算出来后，即可在平整现场相应的网点上通过用量距的方法把零点标定出来。然后沿相邻零点的连接线撒白灰线，就标定出了以白灰线为准的零线位置。

三、土石方量的测算方法

土石方量的计算是建筑工程施工中工程量的计算、编制施工组织设计和合理安排施工现场的一项重要依据。若土方的自然形状比较规则，则可按相应的几何形状的体积计算公式来计算土方量。若土方的自然形状不规则，则可以根据前面讲到的地形图应用中的土方量计算的几种方法进行计算。

第四节 定位放线测量

一、测设前的准备工作

首先是熟悉图纸，了解设计意图。设计图纸是施工测量的主要依据。与测设有关的图纸主要有：建筑总平面图、建筑平面图、立面图、剖面图、基础平面图和基础详图。建筑总平面图是施工放线的总体依据，建筑物都是根据总平面图上所给的尺寸关系进行定位的。建筑平面图给出了建筑物各轴线的间距。立面图和剖面图给出了基础、室内外地坪、门窗、楼板、屋架、屋面等处设计标高。基础平面图和基础详图给出了基础轴线、基础宽度和标高的尺寸关系。在测设工作之前，需了解施工的建筑物与相邻建筑物的相互关系，以及建筑物的尺寸和施工的要求等。对各设计图纸的有关尺寸及测设数据应仔细核对，必要时要将图纸上的主要尺寸摘抄于施测记录本上，以便随时查找使用。

其次要现场踏勘，全面了解现场情况，检测所有原有测量控制点。平整和清理施工现场，以便进行测设工作。

然后按照施工进度计划要求，制订测设计划，包括测设方法、测设数据计算和绘制测设草图。

在测量过程中，还必须清楚测量的技术要求，因此，测量人员对施工规范和工程测量规范的相关要求应进行学习与掌握。

二、建筑物的定位

建筑物的定位是根据设计条件，将建筑物外廓的各轴线交点（简称角点）测设到地面上，作为基础放线和细部放线的依据。由于设计条件不同，定位方法主要有下述三种。

1. 根据与既有建筑物的关系定位

在建筑区内新建或扩建建筑物时，一般设计图上都给出拟建建筑物与附近既有建筑物或道路中心线的相互关系，如图 6-14 所示，图中绘有斜线的是既有建筑物，没有斜线的是拟建建筑物。

如图 6-14（a）所示，拟建建筑物的轴线 AB 在既有建筑物的轴线 MN 的延长线上，可用延长直线法定位。为了能够准确地测设 AB，应先作 MN 的平行线 $M'N'$。做法是沿既有建筑物 PM 与 QN 墙面向外量出 MM' 及 NN'，并使 $MM' = NN'$，在地面上定出 M' 和 N' 两点作为建筑基线。再安置经纬仪于 M' 点，照准 N' 点，然后沿视线方向，根据图纸上所给的 NA 和 AB 尺寸，从 N' 点用量距方法依次定出 A'、B' 两点。再安置经纬仪于 A' 和 B' 测设 90°而定出 AC 与 BD。

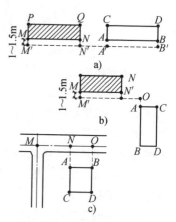

如图 6-14b 所示，可用直角坐标法定位。先按上述方法作 MN 的平行线 $M'N'$，然后安置经纬仪于 N' 点，作 $M'N'$ 的延长线，量取 ON' 距离，定出 O 点；再将经纬仪安置于 O 点上测设 90°角，测量 OA 值定出 A 点，继续测量 AB 而定出 B 点。最后在 A 和 B 点安置经纬仪测设 90°，根据建筑物的宽度而定出 C 点和 D 点。

图 6-14　建筑物的定位

a) 延长直线法定位

b)、c) 直角坐标法定位

如图 6-14c 所示，拟建建筑物 $ABCD$ 与道路中心线平行，根据图示条件，主轴线的测设仍可用直角坐标法。测法是先用拉尺分中法找出道路中心线，然后用经纬仪作垂线，定出拟建建筑物的轴线。

2. 根据建筑方格网定位

在建筑场地已设有建筑方格网，可根据建筑物和附近方格网点的坐标，用直角坐标法测设。如图 6-15 所示，由 A、B 点的设计坐标值可算出建筑物的长度和宽度。测设建筑物定位点 A、B、C、D 时，先把经纬仪安置在方格点 M 上，照准 N 点，沿视线方向自 M 点用钢尺量取 AM 得 A' 点，

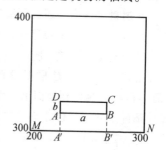

图 6-15　方格网定位

再由 A' 点沿视线方向量建筑物的长度得 B' 点；然后安置经纬仪于 A'，照准 N 点，向左测设 90°，并在视线上量取 AA' 得 A 点，再由 A 点继续量取建筑物的宽度得 D 点。安置经纬仪于 B' 点，同法定出 B、C 点。为了校核，应再测量 AB、CD 及 BC、AD 的长度，看其是否等于建筑物的设计长度和宽度。

3. 根据控制点的坐标定位

在场地附近如果有测量控制点可以利用，也可以根据控制点及建筑物定位点的设计坐标，反算出交会角度或距离后，因地制宜采用极坐标法或角度交会法将建筑物的主要轴线测设到地面上。

三、建筑物的放线

建筑物的放线是指根据定位的主轴线桩（即角桩），详细测设其他各轴线交点的位置，并用木桩（桩顶钉小钉）标定出来，称为中心桩，并据此按基础宽和放坡宽用白灰线撒出基槽边界线。

由于在施工开挖基槽时中心桩要被挖掉，因此，在基槽外各轴线延长线的两端应钉轴线控制桩（也叫保险桩或引桩），作为开槽后各阶段施工中恢复轴线的依据。控制桩一般钉在槽边外 2～4m 不受施工干扰并便于引测和保存桩位的地方，如附近有建筑物，亦可把轴线投测到建筑物上，用红油漆作出标志，以代替控制桩。

1. 龙门板的测设

在一般民用建筑中，为了便于施工，常在基槽开挖之前将各轴线引测至槽外的水平木板上，以作为挖槽后各阶段施工恢复轴线的依据。水平木板称为龙门板，固定木板的木桩称为龙门桩，如图 6-16 所示。设置龙门板的步骤如下：

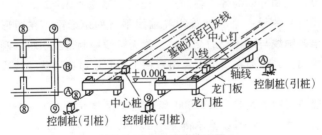

图 6-16　龙门桩的设置

（1）在建筑物四角和中间隔墙的两端基槽外 1.5～2m 处（可根据槽深和土质确定）设置龙门桩。桩要竖直、牢固，桩的侧面应与基槽平行。

（2）根据附近水准点，用水准仪在每个龙门桩外侧测设出该建筑物室内地坪设计高程线即 ±0.000 标高线，并作出标志。在地形条件受到限制时，可测设比 ±0.000 高或低整分米数的标高线，但同一个建筑物最好只选用一个标高。如地形起伏较大需用两个标高时，必须标注清楚，以免使用时发生错误。

（3）沿龙门桩上 ±0.000 标高线钉设龙门板，这样龙门板顶面的高程就均在 ±0.000 的水平面上。然后用水准仪校核龙门板的高程，如有差错则应及时纠正。

（4）把经纬仪安置于中心桩上，将各轴线引测到龙门板顶面上，并钉小钉作为标志（称为中心钉）。如果建筑物较小，也可用垂球对准定位桩中心，在轴线两端龙门板间拉一小线绳，使其贴靠垂球线，用这种方法将轴线延长标在龙门板上。

（5）用钢卷尺沿龙门板顶面，检查中心钉的间距，其误差不超过 1/2000。检查合格后，以中心钉为准，将墙宽、基础宽标在龙门板上。最后根据基槽上口宽度拉线，用石灰撒出开挖边线。

龙门板使用方便，它可以控制 ±0.000 以下各层标高和基槽宽、基础宽、墙身宽。但它需要木材较多，且占用施工场地而影响交通，对机械化施工不利。这时候可以用轴线控制桩法来代替。

2. 轴线控制桩的测设

轴线控制桩法实质上就是厂房控制网法。在建筑物定位时，不是直接测设建筑物外廓的各主轴线点，而是在基槽外 1~2 m 处（视槽的深度而定）测设一个与建筑物各轴线平行的矩形网。在矩形网边上测设出各轴线与之相交的交点桩，称为轴线控制桩或引桩。利用这些轴线控制桩，作为在实地上定出基槽上口宽、基础边线、墙边线等的依据。

一般建筑物放线时，±0.000 标高测设误差不得大于 ±3mm，轴线间距校核的距离相对误差不得大于 1/3000。

第五节　建筑施工及配件安装测量

一、砌体工程中皮数杆的设置及检验工作

皮数杆是作为砌体工程来控制墙面平整、灰缝厚度及其水平度以及墙上构（配）件安装位置、标高等的标尺，是行之有效的工具。

皮数杆用木材制成，杆上将每皮砖厚及灰缝尺寸分皮一一画出，

每五皮注上皮数,故称为"皮数杆",如图 6-17 所示。在杆的一侧将地坪标高、窗台线、门窗过梁、楼板位置分别画出。钉立皮数杆时,先靠基础打一大木桩,用水准仪在木桩上测设 ±0.000 标高线;再将皮数杆的地坪标高线与之对齐,用大钉将皮数杆竖直钉立于大木桩上,并加两道斜撑撑牢杆身。

皮数杆应钉设在墙角及隔墙处,砌砖时在相邻两杆上每皮灰缝底线处拉通线,用以控制砌砖(一般每隔 10 ～ 15m 设置一根皮数杆),并指导砌窗台线、立门窗、安装门窗过梁。二层楼板安装好后,将皮数杆移到楼层,使杆上地坪标高正对楼面标高处(注意楼面标高应包括楼面粉刷厚度),即可进行二层墙体的砌筑。

皮数杆对于多层砖混结构的民用建筑,是保证砌体质量的有效设施;框架结构则在柱上画线,代替皮数杆。

立皮数杆后,质量检查员应用钢卷尺检验皮数杆的皮数划分,以及几处标高线的位置是否符合设计要求。同时用如图 6-18 所示的垂线板,将板的边缘紧靠皮数杆的一个侧面,如垂球线静止时恰好对准板底缺口凹点,表示这一方向的皮数杆是竖直的。同法检验杆身相邻的另一面,如也是竖直,即表示杆身钉立竖直。

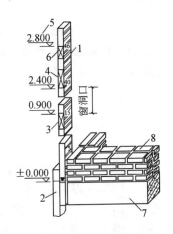

图 6-17 墙体皮数杆的设置

1—皮数杆 2—大木桩 3—窗台线 4—门窗过梁

5—楼面标高 6—楼板 7—地圈梁 8—砖砌体

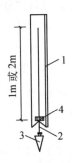

图 6-18 垂线板

1—垂球线板 2—垂球线

3—垂球 4—毫米刻度尺

二、建筑的轴线及标高检验测量

建筑的墙、柱每施工完一层，质量检验人员应立即进行该楼层的墙、柱轴线及楼层标高的检验测量，方法如下。

1. 楼层墙、柱轴线的检测

置经纬仪于轴线桩上，严格对中、整平，后视龙门板（或底层基础上）的轴线标志，再仰起望远镜，检测该楼层或柱顶上的轴线标志，按《工程测量规范》（GB 50026—2007）的规定，不得超过表6-1所列的允许偏差。

为使经纬仪望远镜的仰角不致过大，仪器距建筑物的距离应大于建筑物的高度。如轴线桩距建筑物较近，应在测设时，根据施工场地情况，尽可能另设投测轴线用的轴线桩，或用激光经纬仪、全站仪等现代测量仪器及钢卷尺实测。

表6-1　墙、柱轴线的允许偏差　　（单位：mm）

结构类型	毛石墙	料石墙	砖墙	混凝土墙、柱	混凝土剪力墙	单层钢柱
允许偏差	15	10	10	8	5	5

2. 楼层标高的检测

常用的方法有以下两种：

（1）在楼板吊装（或浇筑）完毕后，质量检查员应及时用钢卷尺沿一墙角，从±0.000标高向上量至楼层表面，以检测各楼层的标高是否符合设计要求，允许偏差按《工程测量规范》（GB 50026—2007）不得超过±15mm。

如对皮数杆的钉立已检验合格，则按皮数杆上的楼面标高，亦可计得各楼层的标高，以检验是否合格。

（2）如图6-19所示，在楼梯间悬吊一根钢卷尺，用水准仪测定楼层 B 点的高程为

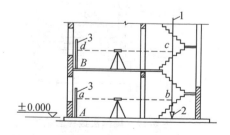

图6-19　楼层标高的检测

1—悬吊钢卷尺　2—大垂球　3—水准尺

$$H_B = \pm 0.000 + a + (c - b) - d = \pm 0.000 + a - b + c - d$$

施工员为掌握楼面抹灰及室内装修的标高，常在各层墙面上测设一标高墨线，距各层楼面 0.50m，质量检查员在检测楼层标高时，应同时用水准仪检验该标高是否合格。

3. 墙面及楼地面的检测工作

墙面及楼地面施工完毕，质量检查员应根据《建筑装饰装修工程质量验收规范》（GB 50210—2001）抽样检查其施工质量。抽查数量为：室外每个检验批每 $100m^2$ 应至少抽查一处，每处不得小于 $10m^2$。室内每个检验批应至少抽查 10%，并不得少于 3 间，不足 3 间时应全数检查。先进行外观检查，对质量有问题处，应列为抽查对象。检测的内容及方法如下。

（1）墙面及楼地面平整度的检测。在墙面、楼地面粉刷、装修施工完毕，质量检查员应用 2m 长的直尺（称为"靠尺"）靠在墙面和楼面不同方向处，以不见缝隙为准。如有缝隙，则用如图 6-20 所示的塞尺塞入缝隙中，将塞尺的活动靠尺头部靠紧直尺边，从活动靠尺面的刻度指标线可读得缝隙厚度，此厚度即为墙面或楼地面平整度的偏差。按《工程测量规范》（GB 50026—2007）规定，允许偏差见表 6-2。

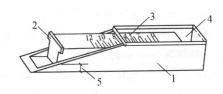

图 6-20　塞尺

1—塞尺　2—活动靠尺头部　3—指标线　4—有机玻璃尺面　5—缝隙厚度（尺面读数表示为 3.2mm）

表 6-2　装饰工程表面平整度允许偏差　（单位：mm）

一般抹灰		装饰抹灰				复合轻质墙板		外墙面砖	内墙面砖
普通抹灰	高级抹灰	水刷石	斩假石	干粘石	假面砖	金属夹芯板	其他复合板		
4	3	3	3	3	4	2	3	4	3

注：本表摘录部分常用项目的允许偏差及其他构造的装饰工程的允许偏差，可查《工程测量规范》（GB 50026—2007）的相关项目。

（2）墙面垂直度的检测。墙面垂直度可用2m托线板靠墙面检测，也可用垂直度检测尺（图6-21）检测。同时用钢角尺检测墙的转角和柱的阴、阳角是否为直角；阴、阳角线也用2m托线板上、下靠线，检验是否为直线和垂直。施工常用的垂直度检测尺，如图6-21所示。该检测尺采用电子技术和独特的传感方式，由读数表显示读数，直观、精度高。使用时，在电池盒2内装入电池，开启电源开关7及定位扣4，指示灯8发光，读数表3的指针左右摆动。将尺上部向右倾斜，用满度调节旋钮9使指针指向满度值。将检测尺的上下胶座6靠于需检测的墙面，用手指轻触定位销，使指针停止摆动，即可在读数表上读得垂直度

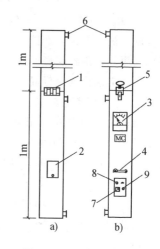

图 6-21　垂直度检测尺
1—铰链　2—电池盒　3—读数表
4—定位扣　5—搭扣　6—胶座
7—电源开关　8—指示灯
9—满度调节旋钮

的偏差值。如掀开搭扣5，可折叠成1m长的垂直度检测尺。

四大角的垂直度，可用下述两种方法检测。

1）如建筑高度在10m以内，可用如图6-22所示的方法，在屋顶水平伸出一木尺，端部悬吊一垂球，下部基础顶面亦放一水平木尺，当垂球静止时，用钢卷尺量得 a、b 两段长度，如 $a-b\neq 0$，则墙角不垂直，其差值不得超过允许偏差。按《工程测量规范》（GB 50026—2007）规定，允许偏差为10mm。

2）将经纬仪安置在距建筑物的距离大于1.5倍建筑物高度处，精确整平后，仰起望远镜用十字丝交点照准建筑物外墙角的最高点，固定照准部及望远镜，用望远镜微动螺旋将望远镜缓慢向下俯视，如墙

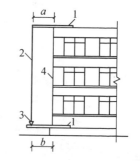

图 6-22　墙角垂直度的检测
1—木尺　2—垂球线
3—垂球　4—建筑墙角

角线始终不离开十字丝交点，则该墙角线为垂直的直线。如底部有偏离，可在墙脚置一水平钢卷尺，根据十字丝交点在钢卷尺上的投点，可量得墙角垂直度的偏差。按《工程测量规范》（GB 50026—2007）的规定，当墙高不大于10m时，允许偏差不得超过10mm；墙高大于10m时，允许偏差不得超过20mm。

（3）灰缝的检测。砌体工程的水平灰缝要求平直。砖砌体的灰缝，每步脚手架施工的砌体，每20m抽查一处。按《工程测量规范》（GB 50026—2007）的规定，拉10m线检查，用水平尺抬平拉线，如灰缝偏离拉线不超过7mm（清水墙）或10mm（混水墙）则认为合格。同时用钢卷尺检查灰缝厚度是否均匀，水平灰缝的厚度宜为10mm，但不应小于8mm，也不应大于12mm。

清水墙的垂直灰缝要求上下各缝对齐，如对不齐（称为"游丁走缝"），可用垂球线悬吊检测，允许错位偏差不得超过20mm。

门窗洞口的位置、高、宽（后塞口），按设计图纸要求，用钢卷尺直接测量，允许偏差为±5mm。外墙上下窗口是否偏移，可用经纬仪或吊线检测，允许偏差为20mm。

只要砌墙时钉设皮数杆并拉线操作，规范要求的质量一般是可以满足的。

第六节　钢结构工程安装施工测量

一、钢结构施工测量的主要内容

1. 平面控制

建立施工控制网对高层钢结构施工是极为重要的。控制网距施工现场不能太近，应考虑到钢柱的定位、检查、校正。

2. 标高控制

高层钢结构工程的标高极为重要，根据城市二等水准点建立独立的以三等要求的水准网，以便在施工过程中直接应用，在引测支撑标高块时必须对水准点进行检查，三等水准精度要求以 $\pm\sqrt{n}$（mm）为依据，n 为测站数。

3. 定位轴线检查

定位轴线从基础施工起就应引起重视，必须在定位轴线前做好控制点，待基础浇筑混凝土后再根据控制点将定位轴线引到柱基钢筋混凝土底板面上；然后预检定位轴线是否同原定位重合、闭合，每根定位线总尺寸误差值是否超过控制数，纵、横网轴线是否垂直、平行。预检应由业主、土建、安装三方联合进行，对检查数据要统一认可鉴证。

4. 柱间距检查

柱间距检查是在定位轴线认可的前提下进行的，采用检定钢尺实测柱间距。柱间距偏差应严格控制在 ±3mm 范围内，绝不能超过 ±5mm。柱间距偏差超过 ±5mm，则必须调整定位轴线。原因是定位轴线的交点是柱基点，钢柱竖向间距以此为准，框架钢梁的联接螺孔的直径一般比高强度螺栓的直径大 1.5 ~ 2.0mm，如柱距过大或过小，将直接影响整个竖向框架梁的安装连接和钢柱的垂直，安装中还会有安装误差。检查柱间距时，必须注意安全。

5. 单独柱基中心检查

检查单独柱基的中心线同定位线之间的误差，调整柱基中心线使其同定位轴线重合，然后以柱基中心线为依据，检查地脚螺栓的预埋位置。

6. 标高实测

以三等水准点的标高为依据，对钢柱柱基表面进行标高实测，将测得的标高偏差用平面图表示，作为调整临时支撑标高块的依据。

7. 轴线位移校正

任何一节框架钢柱的校正，均以下节钢柱顶部的实际中心线为准，安装钢柱的底部对准下节钢柱顶部的实际中心线即可。由此可见，实测位移是极为重要的，根据实测位移量以实际情况加以调整。调整位移时特别注意钢柱的扭转，钢柱扭转对框架安装很不利，应引起重视。

二、定位轴线、标高控制

（1）钢结构安装前，应对建筑物的定位轴线、平面封闭角、底层柱的位置线进行复查，合格后方能开始安装工作。

（2）测量基准点由邻近城市坐标点引入，经复测后以此坐标作为该项目钢结构工程平面控制测量的依据。必要时通过平移、旋转的方式换算成平行（或垂直）于建筑物主轴线的坐标轴，便于应用。

（3）按照《工程测量规范》（GB 50026—2007）规定的四等平面控制网的精度要求（此精度能满足钢结构安装轴线的要求），在±0.000面上运用全站仪放样，确定4～6个平面控制点。对由各点组成的闭合导线进行测角（六测回）、测边（两测回），并与原始平面控制点进行联测，计算出控制点的坐标。在控制点位置埋设钢板，做十字线标志，打上冲眼，如图6-23所示。在施工过程中，做好控制点的保护，并定期进行检测。

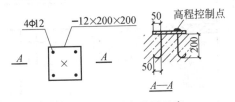

图6-23　控制点设置示意

（4）以邻近的一个水准点作为原始高程控制测量基准点，并选另一个水准点按二等水准测量要求进行联测。同样在±0.000的平面控制点中设定两个高程控制点。

（5）框架柱定位轴线的控制，应从地面控制轴线直接引上去，不得从下层柱的轴线引出。一般平面控制点的竖向传递可采用内控法。用天顶准直仪（或激光经纬仪）按图6-24进行引测，在新的施工层面上构成一个新的平面控制网。对此平面控制网进行测角、测边，并进行自由网平差和改化。以改化后的投测点作为该层平面测量的依据。运用钢卷尺配合全站仪（或经纬仪），放出所有柱顶的轴线。

（6）结构的楼层标高可按相对标高或设计标高进行控制。

1）按相对标高安装时，建筑物高度的积累偏差不得大于各节柱制作允许偏差的总和。

2）按设计标高安装时，应以每节柱为单位进行柱标高的调整工作，将每节柱接头焊缝的收缩变形和在荷载下的压缩变形值，加到柱的制作长度中去。楼层（柱顶）标高的控制一般情况下采用以相对标高控制为主，设计标高控制为辅的测量方法。同一层柱顶标高的差值应控制在 5mm 以内。

（7）第一节柱的标高，可采用在柱脚底板下的地脚螺栓上加一螺母的方法精确控制，如图 6-25 所示。

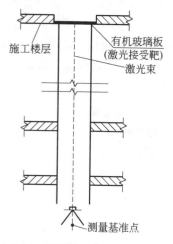

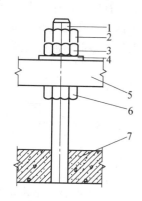

图 6-24 平面控制点竖向投点示意

图 6-25 第一节柱标高的确定

1—地脚螺栓 2—止退螺母 3—紧固螺母 4—螺母垫板 5—柱脚底板 6—调整螺母 7—钢筋混凝土基础

三、钢结构安装测量

多层与高层钢结构在安装阶段的测量放线工作包括控制网的建立、平面轴线控制点的竖向投递、柱顶平面放线、悬吊钢卷尺传递标高、平面形状复杂钢结构坐标测量及钢结构安装变形监控等。

1. 测量器具的检定与检验

为得到正确的符合精度要求的测量成果，全站仪、经纬仪、水准仪、钢卷尺等在施工前必须经计量部门检定。除按规定周期进行检定外，在周期内的全站仪、经纬仪等与轴线测设有关的仪器，还应每 2~3 个月定期检校。

（1）全站仪。宜采用精度为 2S、3+3PPM 的全站仪。

（2）经纬仪。采用精度为 2S 的光学经纬仪，如是超高层钢结构，宜采用电子经纬仪，其精度宜在 1/200000 之内。

（3）水准仪。按国家三、四等水准测量及工程水准测量的精度要求，其精度为±3mm/km。

（4）钢卷尺。土建、钢结构制作、钢结构安装、监理等单位的钢卷尺，应统一购买通过标准计量部门校准的钢卷尺。使用钢卷尺时，应注意检定时的尺长改正数，如温度、拉力、挠度等，进行尺长改正。

2. 建筑物测量验线

钢结构安装前，土建部门已做完基础，为确保钢结构安装的质量，进场后首先要求土建部门提供建筑物轴线、标高及其轴线基准点、标高基准点，以此复测轴线及标高。

（1）复测轴线。复测方法根据建筑物平面形状的不同而采取不同的方法。宜选用全站仪进行复测。

1）矩形建筑物的验线宜选用直角坐标法。

2）任意形状建筑物的验线宜选用极坐标法。

3）对于不便量距的点位，宜选用角度（方向）交会法。

（2）验线部位。定位依据桩位及定位条件如下：

1）建筑物平面控制图、主轴线及其控制桩。

2）建筑物标高控制网及±0.000标高线。

3）控制网及定位轴线中的最弱部位。

4）建筑物平面控制网主要技术指标见表6-3。

表6-3　建筑物平面控制网主要技术指标

等级	适用范围	测角中误差/s	边长相对中误差
1	钢结构高层、超高层建筑	±9	1/24000
2	钢结构多层建筑	±12	1/15000

（3）误差处理

1）验线成果与原放线成果两者之差略小于或等于1/1.414限差时，可不必改正放线成果或取两者的平均值。

2）验线成果与原放线成果两者之差超过1/1.414限差时，原则上不予验收，尤其是关键部位。若次要部位可令其局部返工。

3. 测量控制网的建立

（1）建立基准控制点。根据施工现场条件，建筑物测量基准点有两种测设方法：

1）一种方法是将测量基准点设在建筑物外部，俗称外控法，它适用于场地开阔的工地。根据建筑物平面形状，在轴线延长线上设立控制点，控制点一般距建筑物（$0.8 \sim 1.5$）H（H 为建筑物高度）。每点引出两条交会的线，组成控制网，并设立半永久性控制桩。建筑物垂直度的传递都从该控制桩引向高空。

2）另一种方法是将测量基准点设在建筑物内部，俗称内控法，它适用于场地狭窄，无法在场外建立基准点的工地。控制点的多少根据建筑物平面形状决定。当从地面或底层把基准线引至高空楼面时，遇到楼板要留孔洞，最后修补该孔洞。

上述基准控制点测设方法可混合使用。

（2）建立复测制度。要求控制网的测距相对中误差小于 1/25000，测角中误差小于 2s。各控制桩要有防止碰损的保护措施。设立控制网，提高测量精度。基准点处宜将预埋钢板埋设在混凝土里，并在旁边做好醒目的标志。

4. 平面轴线控制点的竖向传递

（1）地下部分。一般高层钢结构工程均有地下部分，对地下部分可采用外控法，建立井字形控制点，组成一个平面控制格网，并测设出纵、横轴线。

（2）地上部分。控制点的竖向传递采用内控法，投递仪器采用激光铅直仪。在地下部分钢结构工程施工完成后，利用全站仪将地下部分的外控点引测到 ±0.000 层楼面，在 ±0.000 层楼面形成井字形内控点。在设置内控点时，为保证控制点间相互通视和向上传递，应避开柱、梁位置。在把外控点向内控点的引测过程中，其引测必须符合《工程测量规范》（GB 50026—2007）的相关规定。

地上部分控制点的向上传递过程是：在控制点架设激光铅直仪，精密对中整平；在控制点的正上方，在传递控制点的楼层预留孔 300mm×300mm 上放置一块由有机玻璃做成的激光接收靶，通过移动激光接收靶将控制点传递到施工作业楼层上；然后在传递好的控制点上架设仪器，复测传递好的控制点。当楼层超过100m时，激光接收靶上的点不清楚，可采用接力办法传递，其传递的控制点必须符合《工程测量规范》（GB 50026—2007）的相关规定。

5. 柱顶轴线（坐标）测量

利用传递上来的控制点，通过全站仪或经纬仪进行平面控制网放线，把轴线（坐标）放到柱顶上。

6. 悬吊钢卷尺传递标高

（1）利用标高控制点，采用水准仪和钢卷尺测量的方法引测。

（2）多层与高层钢结构工程一般用相对标高法进行测量控制。

（3）根据外围原始控制点的标高，用水准仪引测水准点至外围框架钢柱处，在建筑物首层外围钢柱处确定 +1.000m 标高控制点，并做好标志。

（4）从做好标志并经过复测合格的标高点处，用50m标准钢卷尺垂直向上量至各施工层，在同一层的标高点应检测相互闭合，闭合后的标高点则作为该施工层标高测量的后视点并做好标志。

（5）当超过钢卷尺长度时，另布设标高起始点，作为向上传递的依据。

7. 钢柱垂直度测量

（1）钢柱吊装时，钢柱垂直度测量一般选用经纬仪。用两台经纬仪分别架设在引出的轴线上，对钢柱进行测量校正。当轴线上有其他的障碍物阻挡时，可将仪器偏离轴线150mm以内。

（2）钢柱安装测量工艺流程（图6-26）。

（3）钢结构安装工程中的测量顺序。测量、安装、高强度螺栓安装与紧固、焊接四大工序的协同配合是高层钢结构安装工程质量的控制要素，而钢结构安装工程的核心是安装过程中的测量工作。

1）初校。初校是钢柱就位中心线的控制和调整，初校既要保证钢柱底部安装尺寸的正确，又要考虑到调整钢柱扭曲、垂直偏差、标高等综合安装尺寸的需要，保证钢柱的就位尺寸。

2）重校。在某一施工区域的框架形成后，应进行重校，对柱的垂直度偏差、梁的水平度偏差进行全面的调整，使柱的垂直度偏差、梁的水平度偏差达到规定标准。

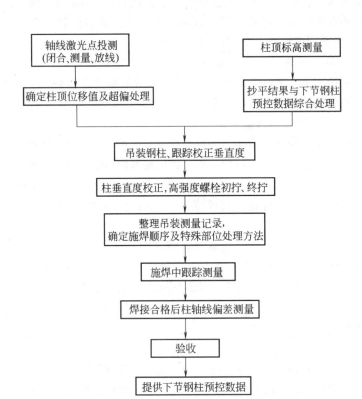

图 6-26　钢柱安装测量工艺流程

3）高强度螺栓终拧后的复校。在高强度螺栓终拧以后应进行复校，其目的是掌握在高强度螺栓终拧时钢柱发生的垂直度变化。这时的变化只考虑用焊接顺序来调整。

4）焊后测量。在焊接达到验收标准以后，对焊接后的钢框架柱及梁进行全面的测量，编制单元柱（节柱）实测资料，确定下一节钢结构构件吊装的预控数据。

5）通过以上钢结构安装测量程序的运行、测量要求的贯彻以及测量顺序的执行，使钢结构安装的质量自始至终都处于受控状态，以达到不断提高钢结构安装质量的目的。

第七节　高层建筑施工测量

一、基本要求

1. 高层建筑施工测量的特点

（1）由于建筑层数多、高度高，结构竖向偏差直接影响工程受力情况，故施工测量中要求竖向投测精度高，所用仪器和测法要适应结构类型、施工方法和场地条件。

（2）由于建筑结构复杂（尤其是钢结构）、设备和装修标准较高，以及高速电梯的安装等，要求测量精度为毫米级。

（3）由于建筑平面、立面造型既新颖且复杂多变，故要求测量放线方法能切实可行，并需配备功能相适应的专用仪器和采取必要的安全措施。

（4）由于建筑工程量大，多为分期施工，且工期长，为保证工程的整体性和各局部施工的精度要求，在开工前要测设足够精度的场地平面控制网和标高控制网。又由于有大面积或整个场地的地下工程，施工现场布置变化大，故要求采取妥善措施，使主要控制网点在整个施工期间能准确、牢固地保留至工程竣工，并能移交给建设单位继续使用，这项工作是保证整个施工测量顺利进行的基础，也是当前施工测量中难度最大的工作。

（5）由于天气的变化、建筑材料的性质、不同施工工艺的影响、荷载的增加与变化等原因，都会使建（构）筑物在施工过程中产生变形。为了保证在分部和总体竣工验收时达到规范要求，在施工测量中就必须根据有关的规律预估和预留变形量。如测设标高时，应预留结构下沉量；校测钢柱垂直度时，应根据焊接次序预留构件焊接后的收缩量；在控制高耸建（构）筑物垂直度时，应考虑日照变形的影响；在较大体积混凝土施工中，应考虑混凝土的整体收缩量对测量的影响等。

由于高层建筑均有较深的基础，且其自身荷载巨大。为了确保安全施工和检验工程质量，在施工期间与竣工后一段时间内，均要进行施工环境的变形监测和建筑物本身的变形监测，作为正确指导施工与运营管理的依据。

（6）由于采取立体交叉作业，施工项目多，为保证工序间的相互配合、衔接，施工测量工作要与设计、施工等各方面密切配合，并要事先充分做好准备工作，制定切实可行的与施工同步的测量放线方案。测量放线人员要严格遵守施工放线的工作准则。

（7）为了确保工程质量，防止因测量放线的差错造成事故，必须在整个施工的各个阶段和各主要部位做好验线工作，并要在审查测量放线方案和指导、检查测量放线工作等方面下功夫，做到防患于未然的质量预控。

2. 高层建筑施工测量人员应具备的基本能力

施工测量工作是施工中的先导性工序，是使工程施工符合工程设计要求的重要手段之一，在高层建筑施工中尤显重要。为此其测量放线人员应具备以下基本能力：

（1）看懂设计图纸，结合测量放线工作能核查图纸中的问题，并能绘制放线中所需的大样图或现场平面图。

（2）了解并掌握不同工程类型、不同施工方法对测量放线的不同要求。

（3）了解仪器的构造和原理，并能熟练地使用、检校、维修仪器。

（4）能够对各种几何形状、数据和点位进行计算与校核，并较熟练地操作电子计算器和计算机。

（5）熟悉误差理论，能针对误差产生的原因采取有效措施，并能对各种观测数据进行科学处理。

（6）熟悉工程测量理论，能针对不同的工程制定切实可行的测量方案，并能采用不同的观测方法和校测方法，高精度高速度地施测。

（7）能够针对施工现场的不同情况，综合分析和处理有关施工测量中的相关问题。

二、高层建筑施工测量步骤

1. 施工控制网的布设

高层建筑必须建立施工控制网。其平面控制一般采用建筑方格网的控制网形式。建立建筑方格网，必须从整个施工过程考虑，打桩、挖土、浇筑基础垫层及其他施工工序中的轴线测设等，要均能应用所布设的施工控制网。由于打桩、挖土对施工控制网的影响较大，除了经常进行控制网点的复测校核之外，最好随着施工的进行，将控制网延伸到施工影响区之外。而且，必须及时地伴随着施工将控制轴线投测到相应的建筑面层上，这样便可根据投测的控制轴线进行柱列轴线等细部放样，以备绑扎钢筋、立模板和浇筑混凝土用。施工控制网的坐标轴应严格平行于建筑物的主轴线或道路中心线。施工方格网的布设必须与建筑总平面图相配合，以便在施工过程中能够保存最多数量的方格控制点。

建筑方格网的实施，首先在建筑总平面图上设计，然后依据高等级控制点用极坐标法或直角坐标法测设在实地，最后进行校核调整，保证精度在允许的限差范围之内。

在高层建筑施工中，高程测设在整个施工测量工作中所占比例很大，同时也是施工测量中的重要部分。正确而周密地在施工场地上布置水准高程控制点，能在很大程度上使立面布置、管道敷设和建筑物施工得以顺利进行，建筑施工场地上的高程控制必须以精确的起算数据来保证施工的质量要求。

高层建筑施工场地上的高程控制点，必须联测到国家水准点上或城市水准点上。高层建筑物的外部水准点高程系统应与城市水准点的高程系统统一。

一般高层建筑施工场地上的高程控制网用三、四等水准测量方法进行测量，且应把建筑方格网的方格点纳入到高程系统中，以保证高程控制点的密度，满足工程建设高程测设工作所需。

2. 高层建（构）筑物主要轴线的定位和放线

在软土地基场区上的高层建筑，其基础常用桩基，桩基分为预制桩和灌注桩两种。其特点是：基坑较深，且位于市区，施工场地不宽敞；建筑物的定位大都是根据建筑施工方格网或建筑红线进行。由于高层建筑的上部荷载主要由桩承受，所以对桩位的定位精度要求较高，一般规定，根据建筑物主轴线测设桩基和板桩轴线位置的允许偏差为20mm，对于单排桩则为10mm。沿轴线测设桩位时，纵向（沿轴线方向）偏差不宜大于3cm，横向偏差不宜大于2cm。位于群桩外周边的桩，测设偏差不得大于桩径或桩边长（方形桩）的 1/10；桩群中间的桩则不得大于桩径或边长的 1/5。为此，在定桩位时必须依据建筑施工控制网，实地定出控制轴线，再按设计的桩位图中所示尺寸逐一定出桩位，实地控制轴线测设好后，必须进行校核，检查无误后，方可进行桩位的测设工作。

建筑施工控制网一般都确定一条或两条主轴线。因此，在建筑物放样时，按照建筑物柱列线或轮廓线与主控制轴线的关系，依据场地上的控制轴线逐一定出建筑物的轮廓线。目前大都使用全站仪采用极坐标法进行建筑物的定位。具体做法是：通过图纸将设计要素如轮廓坐标、曲线半径、圆心坐标及施工控制网点的坐标等识读清楚，并计算各自的方位角及边长，然后在控制点上安置全站仪（或经纬仪）建立测站，按极坐标法完成各点的实地测设。将所有建筑物轮廓点定出后，再行检查是否满足设计要求。

总之，根据施工场地的具体条件和建筑物几何图形的繁简情况，可以选择最合适的测设方法完成高层建筑物的轴线定位。

轴线定位之后，即可依据轴线测设各桩位（或柱列线上的桩位）。桩的排列随着建筑物形状和基础结构的不同而异。最简单的排列是格网形状，此时，只要根据轴线，精确地测设出格网的四个角点，进行加密即可测设出其他各桩位。有的基础则是由若干个承台和基础梁连接而成。承台下面是群桩；基础梁下面有的是单排桩，有的是双排桩。承台下的群桩的排列，有时也会不同。测设时一般是按照"先整体、后局部，先外廓、后内部"的顺序进行。测设时通常根据轴线，用直角坐标法测设不在轴线上的桩位点。

测设出的桩位均用小木桩标示其位置，且应在木桩上用中心钉标出桩的中心位置，以供校核。其校核方法一般是：根据轴线，重新在桩顶上测设出桩的设计位置，并用油漆标明；然后量出桩中心与设计位置的纵、横向两个偏差分量 δ_x、δ_y，若其偏差值在允许范围内，即可进行下一工序的施工。

桩的平面位置测设好后，即可进行桩的灌注施工，此时需进行桩的灌入深度的测设。一般是根据施工场地上已测设的 ±0.000 标高，测定桩位的地面标高；通过桩顶设计标高及设计桩长，计算出各桩应灌入的深度。同时可用经纬仪控制桩的铅直度。

3. 高层建筑物的轴线投测

当完成建筑物的基础工程后，为保证在后期各层的施工中其相应轴线能位于同一竖直面内，应进行建筑物各轴线的投测工作。在进行轴线投测之前，为保证测设精度，首先必须向基础平面引测各轴线控制点。因为，在采用流水作业法施工中，当第一层柱子施工好后，马上开始围护墙的砌筑，这样，原先建立的轴线控制标桩与基础之间的通视很快被阻断，因而，为了轴线投测的需要，必须在基础面上直接标定出各轴线标志。

当施工场地比较宽阔时，可采用经纬仪引桩投测法（又称外控法）进行轴线的投测。用此方法分别在建筑物纵、横轴线控制桩（或轴线引桩）上安置经纬仪（或全站仪），就可将建筑物的主轴线点投测到同一层楼面上，各轴线投测点的连线就是该层楼面上的主轴线，据此再依据该楼层的平面图中的尺寸测设出层面上的其他轴线。最后，进行检测，保证投测精度在限差内。

当在建筑物密集的建筑区，施工场地狭小，无法在建筑物以外的轴线上安置仪器时，多采用内控法。施测时必须先在建筑物基础面上测设室内轴线控制点，然后用垂准线原理将各轴线点向建筑物上部各层进行投测，作为各层轴线测设的依据。

首先，在基础平面上利用地面上测设的建筑物轴线控制桩测设主轴线，再选择适当位置测设出与建筑物主轴线平行的辅助轴线，并建立室内辅助轴线的控制点。室内轴线控制点的布置根据建筑物的平面形状确定，对一般平面形状不复杂的建筑物，可布设成"L"形或矩形。内控点应设在角点的柱子附近，各控点连线与柱子设计轴线平行，间距为 $0.5 \sim 0.8\text{m}$，且应选择在能保持垂直通视（不受梁等构件的影响）和水平通视（不受柱子等影响）的位置。内控点的测设，应在基础工程完成后进行，先根据建筑物施工控制网点，校测建筑物轴线控制桩的桩位，看其是否移位和变动；若无变化，依据轴线控制桩点，将轴线内控点测设到基础平面上，并埋设标志（一般是预埋一块小铁皮，上面划以十字丝，交点上冲一小孔），作为轴线投测的依据。为了将基础层上的轴线点投测到各层楼面上，在内控点的垂直方向上的各层楼面预留约 300mm × 300mm 的传递孔（也叫垂准孔）。并在孔周围用砂浆做成 20mm 高的防水斜坡，以防投点时施工用水通过此孔流落到下方的仪器上。为保证投测精度，一般用专用的施工测量仪器激光铅垂仪进行投测。

如图 6-27 所示，投测时，安置激光铅垂仪于测站点（底层轴线内控点上），进行对中、整平。在对中时，打开对点激光开关，使激光束聚焦在测站基准点上；然后调整三脚架的高度，使圆水准器气泡居中，以完成仪器对中操作；再利用脚螺旋调置水准管，使其在任何方向都居中，以完成仪器的整平；最后检查以确认仪器严格对中、整平，此时可将对点激光器关闭。同时，在上层传递孔处放置网格激光靶，对其照准，打开垂准激光开关，会有一束激光从望远镜物镜中射出，并聚焦在靶上，激光光斑中心处的读数即为投测的观测值。这样即将基础底层内控点的位置投测到上层楼面，然后依据内控点与轴线点的间距，在楼层面上测设出轴线点，并将各轴线点依次相连即为建筑物主轴线，再根据主轴线在楼面上测设其他轴线，完成轴线的传递工作。按同样的方法逐层上传，但应注意，轴线投测时，要控制并检校轴线向上投测的竖直偏差值在本层内不得超过 ±5mm，整栋楼的累积偏差不超过 ±20mm。同时，还应用钢卷尺精确测量投测的轴线点之间的距离，并与设计的轴线间距相比较，其相对误差对高层建筑而言不得大于 1/10000。否则，必须重新投测，直至达到精度要求为止。图 6-27a、b 为向上投点，图 6-27c 为向下投点。

4. 高层建筑物的高程传递

高层建筑施工中，要由下层楼面向上层传递高程，以使上层楼板、门窗、室内装修等工程的标高符合设计要求。楼面标高误差不得超过 ±10mm。传递高程的方法有以下几种。

（1）利用皮数杆传递高程。在皮数杆上自 ±0.000 标高线起，门窗、楼板、过梁等

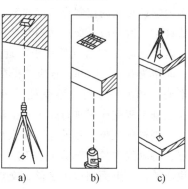

图 6-27 内控法轴线投测

构件的标高都已标明。一层楼砌筑好后，则可从一层皮数杆起一层一层往上接，就可以把标高传递到各楼层。在接杆时要注意检查下层杆的位置是否正确。

（2）利用钢卷尺直接测量。在标高精度要求较高时，可用钢卷尺沿某一墙角自±0.000标高处起直接测量，把高程传递上去。然后根据下面传递上来的高程立皮数杆，作为该层墙身砌筑和安装门窗、过梁，以及室内装修、地坪抹灰时控制标高的依据。

（3）悬吊钢卷尺法（水准仪高程传递法）。根据高层建筑物的具体情况也可用水准仪高程传递法进行高程传递，不过此时需用钢卷尺代替水准尺作为数据读取的工具，从下向上传递高程。

如图6-28所示，由地面已知高程点 A，向建筑物楼面 B 传递高程，先从楼面上（或楼梯间）悬挂一支钢卷尺，钢卷尺下端悬一重锤。观测时，为了使钢卷尺稳定，可将重锤浸于一盛满油的容器中。然后，在地面及楼面上各安置一台水准仪，按水准测量方法同时读取 a_1、b_1 及 a_2 读数，则可计算出楼面 B 上设计标高为 H_B 的测设数据 $b_2 = H_A + a_1 - b_1 + a_2 - H_B$，据此可采用测设已知高程的测设方法放样出楼面 B 的标高位置。

如图6-29所示，利用高层建筑中的传递孔（或电梯井等），在底层高程控制点上安置全站仪，置平望远镜（显示屏上显示垂直角为0°或天顶距为90°）；然后将望远镜指向天顶方向（天顶距为0°或垂

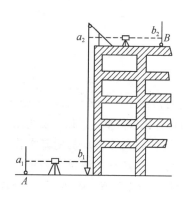

图6-28　水准仪高程传递法

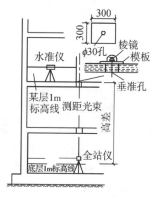

图6-29　全站仪测距法传递高程

直角为90°），在需要传递高程的层面传递孔上安置反射棱镜，即可测得仪器横轴至棱镜横轴的垂直距离。加仪器高，减棱镜常数（棱镜面至棱镜横轴的间距），就可以算得两层面间的高差，据此即可计算出测量层面的标高，最后与该层楼面的设计标高相比较，进行调整即可。

三、高层建筑标高精度要求

1. 施工允许偏差

钢筋混凝土高层结构施工中标高允许偏差（测量工作中称为允许误差）见表6-4。

表6-4　钢筋混凝土高层结构施工中标高允许偏差

标高偏差　　结构类型	现浇框架 框架-剪力墙	装配式框架 框架-剪力墙	大模板施工 混凝土墙体	滑模施工
每层/mm	±10	±5	±10	±10
全高/mm	±30	±30	±30	±30

2. 测量允许偏差

层间标高测量偏差不应超过 ±3mm，建筑全高（H）测量偏差不应超过 $3H/10000$，且不应大于

$$30m < H \leqslant 60m \qquad\qquad ±10mm$$
$$60m < H \leqslant 90m \qquad\qquad ±15mm$$
$$90m < H \leqslant 120m \qquad\qquad ±20mm$$
$$120m < H \leqslant 150m \qquad\qquad ±25mm$$
$$150m < H \qquad\qquad\qquad\quad ±30mm$$

第八节　工业厂房建筑施工测量

一、厂房控制网的测设

厂房的定位应根据建筑方格网进行。由于厂房多为排柱式建筑，跨距和间距较大，但是隔墙少，平面布置比较简单，所以厂房施工中多采用由柱轴线控制桩组成的厂房矩形方格网作为厂房的基本控制网，图6-30所示的厂房控制网是在建筑方格网下测设出来的。图6-30中的 Ⅰ、Ⅱ、Ⅲ、Ⅳ 为建筑方格网点，a、b、c、d 为厂房最外边的四条轴线的交点，其设计坐标为已知。A、B、C、D 为布置在基坑

开挖范围以外的厂房矩形控制网的四个角点，称为厂房控制桩。厂房控制桩的坐标可根据厂房外轮廓轴线交点的坐标和设计间距 l_1、l_2 求出。先根据建筑方格网点 Ⅰ、Ⅱ 用直角坐标法精确测设 A、B 两点，然后由 AB 测设 C 点和 D 点，最后校核 $\angle DCA$、$\angle BDC$ 及 CD 边长。对一般厂房来说，误差不应超过 ±10″和 1/10000。为了便于柱列轴线的测设，需在测设和检查距离的过程中，由控制点起沿矩形控制网的边上，按每隔 18m 或 24m 设置一桩，称为距离指标桩。

对于小型厂房也可采用民用建筑的测设方法直接测设厂房四个角点，再将轴线投测到龙门板或控制桩上。

对于大型或基础设备复杂的厂房，则应先精确测设厂房控制网的主轴线，如图 6-31 中的 MON 和 POQ，再根据主轴线测设厂房控制网 $ABCD$。

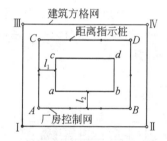

图 6-30 厂房控制网的测设

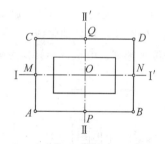

图 6-31 主轴线的测设

二、柱列轴线的测设与柱列基础放线

1. 柱列轴线的测设

根据厂房柱列平面图（图 6-32）上设计的柱间距和柱跨距的尺寸，使用距离指标桩，用钢卷尺沿厂房控制网的边逐段测设距离，以定出各轴线控制桩，并在桩顶钉小钉以示点位。相应控制桩的连线即为柱列轴线（又称定位轴线），应注意变形缝等处特殊轴线的尺寸变化，按照正确尺寸进行测设。

2. 柱基的测设

将两架经纬仪分别安置在纵、横轴线控制桩上，交会出柱基定位点（即定位轴线的交点）。再根据定位点和定位轴线，按基础详图

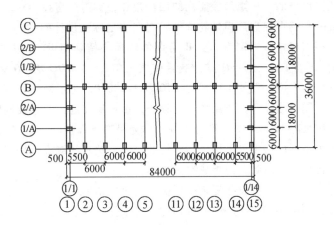

图 6-32 柱列轴线的测设

（图 6-33）上的尺寸和基坑放坡宽度，放出开挖边线，并撒上白灰标明。同时在基坑外的轴线上，距开挖边线约 2m 处，各打入一个基坑定位小木桩，桩顶钉小钉作为修坑和立模的依据。

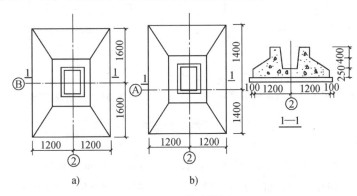

图 6-33 基础详图

由于定位轴线不一定是基础中心线，故在测设外墙、变形缝等处的柱基时，应特别注意。

3. 基坑的高程测设

当基坑挖到一定深度时，再用水准仪在基坑四壁距坑底设计标高 0.3 ~ 0.5m 处设置水平桩，作为检查坑底标高和打垫层的依据。

三、柱子安装测量

1. 安装前的准备工作

（1）在基础轴线控制桩上安置经纬仪，检测每个柱子基础（一种杯形构筑物，如图 6-34 所示）中心线偏离轴线的偏差值是否在规定的限差以内。检查无误后，用墨线将纵、横轴线标示在基础面上。

（2）检查各相邻柱子的基础轴线间距，其与设计值的偏差不得大于规定的限差。

（3）利用附近的水准点，对基础面及杯底的标高进行检测。基础面的设计标高一般为 -0.5m，检测得的误差值不得超过 ±3mm；杯底检测标高的限差与基础面相同。超过限差的，要对基础进行修整。

（4）在每根柱子的两个相邻侧面上，用墨线弹出柱中线，并根据牛腿面的设计标高，自牛腿面向下精确地量出 ±0.000 及 -0.600 标志线，如图 6-35 所示。

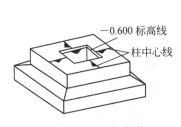

图 6-34　杯形构筑物

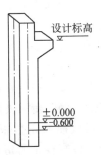

图 6-35　画出标志线

2. 柱子安装测量

安装柱子的要求如下。

（1）位置准确。柱中线对轴线的位移不得大于 5mm。

（2）柱身竖直。柱顶对柱底的垂直度偏差，当柱高 $H \leqslant 5m$ 时，不得大于 5mm；$5m < H \leqslant 10m$ 时，不得大于 10mm；$H > 10m$ 时，不得大于 $H/1000$，但不超过 25mm。

（3）牛腿面在设计的高度上。其允许偏差为 -5mm。

在安装时，柱中线与基础面已弹出的纵、横轴线应重合，并使

－0.600标志线与杯口顶面对齐后将其固定。

测定柱子的垂直偏差量时，在纵、横轴线方向上的经纬仪，分别将柱顶中心线投点至柱底。根据纵、横两个方向的投点偏差计算偏差量和垂直度。

3. 柱子的校正

（1）柱子的水平位置校正。柱子吊入杯口后，使柱子中心线对准杯口定位线，并用木楔或钢楔进行临时固定，如果发现错动，可用敲打楔块的方法进行校正。为了便于校正时使柱脚移动，可事先在杯中放入少量粗砂。

（2）柱子的铅直校正。如图6-36所示，将两架经纬仪分别安置在纵、横轴线附近，到柱子的距离约为1.5倍柱高。先瞄准柱脚中线标志符号，固定照准部并逐渐抬高望远镜，若是柱子上部的中线标志符号在视线上，则说明柱子在这一方向上是竖直的。否则，应进行校正。校正的方法有敲打楔块法、变换撑杆长度法以及千斤顶斜顶法等。根据具体情况采用适当的校正方法，使柱子在两个方向上都满足铅直度要求为止。

在实际工作中，常把成排柱子都竖起来，这时可把经纬仪安置在柱列轴线的一侧，使得安置一次仪器就能校正数根柱子。为了提高校正的精度，视线与轴线的夹角不得大于15°。

（3）柱子铅直校正的注意事项

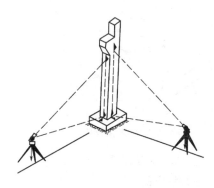

图6-36 柱子的铅直校正

1）校正用的经纬仪必须经过严格的检查和校正。操作时要注意照准部水准管气泡严格居中。

2）柱子的铅直度校正好后，要复查柱子下部中心线是否仍对准基础定位线。

3）在校正截面有变化的柱子时，经纬仪必须安置在柱列轴线上，以防差错。

4）避免在日照下校正，应选择在阴天或早晨，以防由于温度差使柱子向阴面弯曲，影响柱子校正工作。

四、吊车梁、轨道安装测量

1. 准备工作

（1）首先根据厂房中心线 AA' 及两条起重机轨道间的跨距，在实地上测设出两边轨道中心线 A_1A_1' 及 A_2A_2'，如图 6-37 所示。并在这两条中心线上适当地测设一些对应的点 1、2、…，以便于向牛腿面上投点。这些点必须位于直线上，并应检查其间跨是否与轨距一致。而后在这些点上安置经纬仪，将轨道中心线投射到牛腿面上，并用墨线在牛腿面上弹出中心线。

（2）在预制好的钢筋混凝土梁的顶面及两个端面上。用墨线弹出梁中心线，如图 6-38 所示。

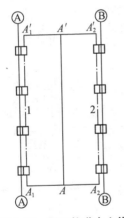

图 6-37 测设轨道中心线

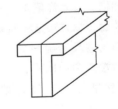

图 6-38 弹出梁中心线

（3）根据基础面的标高，沿柱子侧面用钢卷尺向上量出吊车梁顶面的设计标高线（也可量出比梁面设计标高线高 5～10cm 的标高线），供修整梁面时控制梁面标高用。

2. 吊车梁安装测量

（1）吊装吊车梁时，只要使吊车梁两个端面上的中心线，分别与牛腿面上的中心线对齐即可，其误差应小于3mm。

（2）吊车梁安装就位后，要根据梁面设计标高对梁面进行修整，对梁底与牛腿面间的空隙进行填实等处理。而后用水准仪检测梁面标高（一般每3m测一点），其与设计标高的偏差不应大于±5mm。

（3）安装好吊车梁后，在安装起重机轨前还要对吊车梁中心线进行一次检测，检测时通常用平行线法。如图6-39所示，在距轨道中心线 A_1A_1' 间距为1m处，测设一条平行线 aa'。为了便于观测，在平行线上每隔一定距离再设置几个观测点。将经纬仪置于平行线上，后视端点 a 或 a' 后向上投点，使一人在吊车梁上横置一木尺对点。当望远镜十字丝中心对准木尺上的1m读数时，尺的零点处即为轨道中心。用这样的方法，在梁面上重新定出轨道中心线供安装轨道用。

3. 轨道安装测量

（1）吊车梁中心线检测无误后，即可沿中心线安放轨道垫板。垫板的高度应该根据轨道安装后的标高偏差不大于±2mm来确定。

（2）轨道应按照检测后的中心线安装，在固定前应进行轨道中心线、跨距和轨顶标高检测。

轨道中心线的检测方法与梁中心线检测方法相同，其允许偏差为±2mm。

跨距检测方法是在两条轨道的对称点上，直接用钢卷尺精确测量，检测的位置应在轨道的两端点和中间点，但最大间隔不得大于15m。实量与设计值的偏差不得超过设计要求。

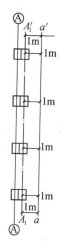

图6-39　平行线法作业

轨顶标高（安装好后的）根据柱面上已定出的标高线，用水准仪进行检测。检测位置应在轨道接头处及中间每隔5m左右处。轨顶标高的偏差值不应大于±2mm。

五、屋架安装测量

屋架安装是以安装后的柱子为依据。在屋架安装前，先要根据柱面上的±0.000标高线找平柱顶。屋架吊装定位时，应使屋架中心线与柱子上相应的中心线对齐。

屋架吊装就位后，应用经纬仪（安置在屋架轴线方向上）投点的方法将屋架调整至竖直位置。在固定屋架的过程中，应一直用经纬仪对屋架的竖直度进行监测。

第九节 建筑物的变形观测

一、变形观测特点和基本措施

1. 变形观测的特点

（1）精度要求高。为了能准确地反映出建（构）筑物的变形情况，一般规定测量的误差应小于变形量的 $1/20 \sim 1/10$。为此，变形观测中应使用精密水准仪（DS1、DS05）、精密经纬仪（DJ_1、DJ_2）和精密的测量方法。

（2）观测时间性强。各项变形观测的首次观测时间必须按时进行，否则得不到原始数据，而使整个观测失去意义。其他各阶段的复测，也必须根据工程进展定时进行，不得漏测或补测，这样才能得到准确的变形量及其变化情况。

（3）观测成果要可靠、资料要完整。这是进行变形分析的需要，否则得不到符合实际的结果。

2. 变形观测的基本措施

为了保证变形观测成果的精度，除按规定时间进行观测外，在观测中应采取"一稳定、四固定"的基本措施。

（1）一稳定。一稳定是指变形观测依据的基准点、工作基点和被观测物上的变形观测点，其点位要稳定。基准点是变形观测的基本依据，每项工程至少要有 3 个稳固可靠的基准点，并每半年复测一次；工作基点是观测中直接使用的依据点，要选在距观测点较近但比较稳定的地方。对通视条件较好或观测项目较少的高层建筑，可不设工作基点，而直接依据基准点观测。变形观测点应设在被观测物上最能反映变形特征、且便于观测的位置。

（2）四固定。四固定是指所用仪器、设备要固定；观测人员要固定；观测的条件、环境基本相同；观测的路线、镜位、程序和方法要固定。

二、沉降观测

在建筑物施工过程中，随着上部结构的逐步建成、地基荷载的逐步增加，建筑物产生下沉现象。建筑物的下沉是逐渐产生的，并将延续到竣工交付使用后的相当长一段时期。因此建筑物的沉降观测应按照沉降产生的规律进行。沉降观测在高程控制网的基础上进行。

在建筑物周围一定距离、基础稳固、便于观测的地方布设一些专用水准点，在建筑物上能反映沉降情况的位置设置一些沉降观测点，根据上部荷载的加载情况，每隔一定时期观测水准点与沉降观测点之间的高差一次，据此计算与分析建筑物的沉降规律。

1. 专用水准点的设置

专用水准点分水准基点和工作基点。

（1）每一个测区的水准基点不应少于 3 个，对于小测区，当确认点位稳定可靠时可少于 3 个，但连同工作基点不得少于 2 个。水准基点的标石，应埋设在基岩层或原状土层中。在建筑区内，点位与邻近建筑物的距离应大于建筑物基础最大宽度的 2 倍，其标石埋深应大于邻近建筑物基础的深度。在建筑物内部的点位，其标石埋深应大于地基土压层的深度。水准基点的标石，可根据点位所在处的不同地质条件选埋基岩水准基点标石（图 6-40a）、深埋钢管水准基点标石（图 6-40b）、深埋双金属管水准基点标石（图 6-40c）、混凝土基点水准标石（图 6-40d）。

（2）工作基点与联系点布设的位置应根据构网需要确定。工作基点与邻近建筑物的距离不得小于建筑物基础深度的 1.5～2.0 倍。工作基点与联系点也可设置在稳定的永久性建筑物墙体或基础上。工作基点的标石，可按点位的不同要求选埋浅埋钢管水准标石（图 6-41）、混凝土普通水准标石或墙角、墙上水准标志等。

水准标石埋设后，应达到稳定后方可开始观测。稳定期根据观测要求与测区的地质条件确定，一般不宜少于 15 天。

2. 沉降观测点的设置

在建筑物上布设一些能全面反映建筑物地基变形特征的点位，并结合地质情况及建筑结构特点确定点位，点位宜选择在下列位置。

（1）建筑物的四角、大转角处及沿外墙每 10～15m 处或每隔

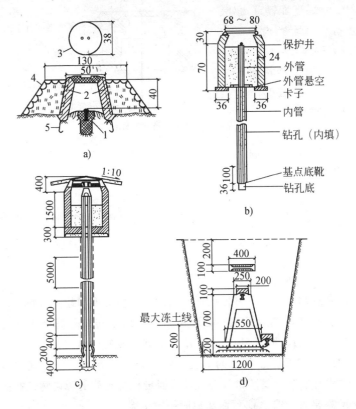

图 6-40 水准基点标石（单位：cm）

a）基岩水准基点标石 b）深埋钢管水准基点标石

c）深埋双金属管水准基点标石 d）混凝土基点水准标石

1—耐腐蚀的金属标志 2—钢筋混凝土井圈

3—井盖 4—砌石土丘 5—井圈保护层

2～3根柱基上。

（2）高层建筑物、新旧建筑物，以及纵、横墙等交接处的两侧。

（3）建筑物裂缝和沉降缝两侧、基础埋深相差悬殊处、人工地基与天然地基接壤处、不同结构的分界处及填挖方分界处。

（4）宽度不小于15m而地质复杂以及膨胀土地区的建筑物，在承重内隔墙中部设内墙点，在室内地面中心及四周设地面点。

（5）邻近堆置重物处、受振动有显著影响的部位及基础下的暗浜（沟）处。

（6）框架结构建筑物的每个或部分柱基上或沿纵、横轴线设点。

（7）筏形基础、箱形基础底板或接近基础的结构部分的四角处及其中部位置。

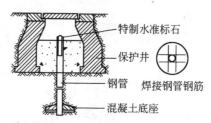

图 6-41　工作基点标石

（8）重型设备基础和动力设备基础的四角、基础形式或埋深改变处以及地质条件变化处两侧。

（9）电视塔、烟囱、水塔、油罐、炼油塔、高炉等高耸建筑物，沿周边在与基础轴线相交的对称位置上布点，点数不少于 4 个。

沉降观测点标志，可根据不同的建筑结构类型和建筑材料，采用墙（柱）标志、基础标志和隐蔽式标志（用于宾馆等高级建筑物），各类标志的立尺部位应加工成半球形或有明显的突出点，并涂上防腐剂，如图 6-42 所示。标志的埋设位置应避开雨水管、窗台线、暖气片、暖水片、暖水管、电气开关等有碍设标与观测的障碍物，并应根据立尺需要离开墙（柱）面和地面一定距离。

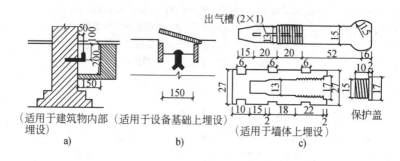

图 6-42　沉降观测点标志

a）窨井式标志　b）盒式标志　c）螺栓式标志

3. 高差观测

高差观测宜采用水准测量方法，要求如下。

（1）水准网的布设。对于建筑物较少的测区，宜将水准点连同观测点按单一层次布设；对于建筑物较多且分散的大测区，宜按两个层次布网，即由水准点组成高程控制网、观测点与所联测的水准点组成扩展网。高程控制网应布设为闭合环、结点网或附合高程路线。

（2）水准测量的等级划分。水准测量划分为特级、一级、二级和三级。各级水准测量的观测限差列于表 6-5，水准观测的视线长度、前后视距差、视线高度应符合表 6-6 的规定。

表 6-5　各级水准测量的观测限差

等级		基辅分划（黑红面）读数之差	基辅分划（黑红面）所测高差之差	往返较差或附合或环线闭合差	单程双测站所测高差较差	检测已测测段高差之差
特级		0.15	0.2	$\leqslant 0.1\sqrt{n}$	$\leqslant 0.07\sqrt{n}$	$\leqslant 0.15\sqrt{n}$
一级		0.3	0.5	$\leqslant 0.3\sqrt{n}$	$\leqslant 0.2\sqrt{n}$	$\leqslant 0.45\sqrt{n}$
二级		0.5	0.7	$\leqslant 1.0\sqrt{n}$	$\leqslant 0.7\sqrt{n}$	$\leqslant 1.5\sqrt{n}$
三级	光学测微器法	1.0	1.5	$\leqslant 0.3\sqrt{n}$	$\leqslant 2.0\sqrt{n}$	$\leqslant 4.5\sqrt{n}$
	中丝读数法	2.0	3.0			

注：表中 n 为测站数。

表 6-6　水准观测的视线长度、前后视距差、视线高度

（单位：m）

等级	视线长度	前后视距差	前后视距累积差	视线高度	观测仪器
特级	$\leqslant 10$	$\leqslant 0.3$	$\leqslant 0.5$	$\geqslant 0.5$	DSZ05 或 DS05
一级	$\leqslant 30$	$\leqslant 0.7$	$\leqslant 1.0$	$\geqslant 0.3$	
二级	$\leqslant 50$	$\leqslant 2.0$	$\leqslant 3.0$	$\geqslant 0.2$	DS1 或 DS05
三级	$\leqslant 75$	$\leqslant 5.0$	$\leqslant 8.0$	三丝能读数	DS3 或 DS1，DS05

（3）水准测量精度等级的选择。水准测量的精度等级是根据建筑物最终沉降量的观测中误差来确定的。

建筑物的沉降量分绝对沉降量 s 和相对沉降量 Δ_s。绝对沉降的观测中误差 m_s，按低、中、高压缩性地基土的类别，分别选 $\pm 0.5\text{mm}$、$\pm 1.0\text{mm}$、$\pm 2.5\text{mm}$；相对沉降（如沉降差、基础倾斜、局部倾斜等）、局部地基沉降（如基础回弹、地基土分层沉降等）以及膨胀土地基变形等的观测中误差 $m\Delta_s$ 均不应超过其变形允许值的 1/20；建

筑物整体变形（如工程设施的整体垂直挠曲等）的观测中误差，不应超过其允许垂直偏差的 1/10；结构段变形（如平置构件挠度等）的观测中误差，不应超过其变形允许值的 1/6。

（4）沉降观测的成果处理。沉降观测成果处理的内容是，对水准网进行严密平差计算，求出观测点每期观测高程的平差值，计算相邻两次观测之间的沉降量和累积沉降量，分析沉降量与增加荷载的关系。表 6-7 列出了某建筑物上 6 个观测点的沉降观测结果，图 6-43 是根据表 6-7 的数据绘出的各观测点的沉降、荷重与时间关系曲线图。

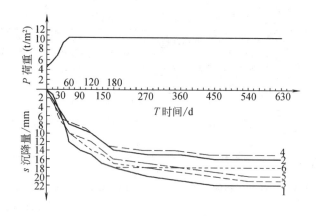

图 6-43　建筑物的沉降、荷重与时间关系曲线

三、倾斜观测

1. 观测内容

（1）建（构）筑物竖向倾斜观测。一般要在进行倾斜监测的建（构）筑物上设置上、下两点或上、中、下多点观测标志，各标志应在同一竖直面内。用经纬仪正倒镜法，由上而下投测各观测点的位置，然后根据高差计算倾斜量。或以某一固定方向为后视，用测回法观测各点的水平角及高差，再进行倾斜量的计算。

（2）建（构）筑物不均匀下沉对竖向倾斜影响的观测。这是高层建筑中最常见的倾斜变形观测，利用沉降观测的数据和观测点的间距，即可计算由于不均匀下沉对倾斜的影响。

表6-7 某建筑物上6个观测点的沉降观测结果

观测日期 年.月.日	荷重/(t/m²)	观测点																	
		1			2			3			4			5			6		
		高程/m	本次下沉/mm	累计下沉/mm	高程/m	本次下沉/mm	累计下沉/mm	高程/m	本次下沉/mm	累计下沉/mm	高程/m	本次下沉/mm	累计下沉/mm	高程/m	本次下沉/mm	累计下沉/mm	高程/m	本次下沉/mm	累计下沉/mm
1997.4.20	4.5	50.157	±0	±0	50.154	±0	±0	50.155	±0	±0	50.155	±0	±0	50.156	±0	±0	50.154	±0	±0
1997.5.5	5.5	50.155	-2	-2	50.153	-1	-1	50.153	-2	-2	50.154	-1	-1	50.155	-1	-1	50.152	-2	-2
1997.5.20	7.0	50.152	-3	-5	50.150	-3	-4	51.151	-2	-4	50.153	-1	-2	50.151	-4	-5	50.148	-4	-6
1997.6.5	9.5	50.148	-4	-9	50.148	-2	-6	50.147	-4	-8	50.150	-3	-5	50.148	-3	-8	50.146	-2	-8
1997.6.20	10.5	50.145	-3	-12	50.146	-2	-8	50.143	-4	-12	50.148	-2	-7	50.146	-2	-10	50.144	-2	-10
1997.7.20	10.5	50.143	-2	-14	50.145	-1	-9	50.141	-2	-14	50.147	-1	-8	50.145	-1	-11	50.142	-2	-12
1997.8.20	10.5	50.142	-1	-15	50.144	-1	-10	50.140	-1	-15	50.145	-2	-10	50.144	-1	-12	50.140	-2	-14
1997.9.20	10.5	50.140	-2	-17	50.142	-2	-12	50.138	-2	-17	50.143	-2	-12	50.142	-2	-14	50.139	-1	-15
1997.10.20	10.5	50.139	-1	-18	50.140	-2	-14	50.137	-1	-18	50.142	-1	-13	50.140	-2	-16	50.137	-2	-17
1998.1.20	10.5	50.137	-2	-20	50.139	-1	-15	50.137	±0	-18	50.142	±0	-13	50.139	-1	-17	50.136	-1	18
1998.4.20	10.5	50.136	-1	-21	50.138	±0	-16	50.136	-1	-19	50.141	-1	-14	50.138	-1	-18	50.136	±0	-18
1998.7.20	10.5	50.135	-1	-22	50.138	±0	-16	50.135	-1	-20	50.140	-1	-20	50.137	-1	-19	50.136	±0	-18
1998.10.20	10.5	50.135	±0	-22	50.138	±0	-16	50.134	-1	-21	50.140	±0	-15	50.136	-1	-20	50.136	±0	-18
1999.1.20	10.5	50.135	±0	-22	50.138	±0	-16	50.134	±0	-21	50.140	±0	-15	50.136	±0	-20	50.136	±0	-18

2. 观测要点

在进行观测之前，首先要在进行倾斜观测的建筑物上设置上、下两点或上、中、下三点标志作为观测点，各点应位于同一垂直视准面内。如图 6-44 所示，M、N 为观测点，如果建筑物发生倾斜，MN 将由垂直线变为倾斜线。观测时，经纬仪的位置距离建筑物应大于建筑物的高度，瞄准上部观测点 M，用正倒镜法向下投点得 N'，如 N' 与 N 点不重合，则说明建筑物发生倾斜，以 a 表示 N'、N 之间的水平距离，a 即为建筑物的倾斜值。若以 H 表示其高度，则倾斜度为

$$i = \arcsin \frac{a}{H} \tag{6-9}$$

高层建筑物的倾斜观测，必须分别在互相垂直的两个方向上进行。

当测定圆形构筑物（如烟囱、水塔、炼油塔）的倾斜度时（图 6-45），首先要求得顶部中心对底部中心的偏距。为此，可在构筑物底部放一块木板，木板要放平放稳。用经纬仪将顶部边缘两点 A、A' 投影至木板上而取其中心 A_0，再将底部边缘上的两点 B、B' 也投影至木板上而取其中心 B_0，$A_0 B_0$ 之间的距离 n 就是顶部中心偏离底部中心的距离。同法可测出与其垂直的另一方向上顶部中心偏离底部中心的距离 b_0。再用矢量相加的方法，即可求得建筑物总的偏心距，即倾斜值。即

$$c = \sqrt{a^2 + b^2} \tag{6-10}$$

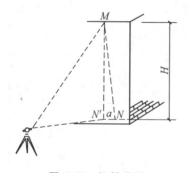

图 6-44　倾斜观测

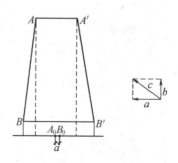

图 6-45　偏心距观测

构筑物的倾斜度为

$$i = \frac{c}{H} \tag{6-11}$$

四、裂缝观测

建筑物发现裂缝，除了要增加沉降观测的次数外，应立即进行裂缝变化的观测。为了观测裂缝的发展情况，要在裂缝处设置观测标志。设置标志的基本要求是，当裂缝展开时标志就能相应的开裂或变化，正确地反映建筑物裂缝的发展情况。其形式有下列三种。

（1）石膏板标志。用厚 10mm、宽 50～80mm 的石膏板（长度根据裂缝大小确定），在裂缝两边固定。当裂缝继续发展时，石膏板也随之开裂，从而观察裂缝继续发展的情况。

（2）白铁片标志。如图 6-46 所示，用两块白铁片，一片取 150mm×150mm 的正方形，固定在裂缝的一侧，并使其一边和裂缝的边缘对齐；另一片为 50mm×200mm，固定在裂缝的另一侧，并使其中一部分紧贴相邻的正方形白铁片。当两块白铁片固定好以后，在其表面均涂上红色油漆。如果裂缝继续发展，两白铁片将逐渐拉开，露出正方形白铁片上原被覆盖没有涂油漆的部分，其宽度即为裂缝加大的宽度，可用尺子量出。

（3）金属棒标志（图 6-47）。在裂缝两边凿孔，将长约 10cm、直径 10mm 以上的钢筋头插入，并使其露出墙外 2cm 左右，用水泥砂浆填灌牢固。在两钢筋头埋设前，应先把钢筋一端锉平，在上面刻划十字线或中心点，作为量取其间距的依据。待水泥砂浆凝固后，量出两金属棒之间的距离，并记录下来。以后如裂缝继续发展，则金属棒的间距也就不断加大。定期测量两棒间距并进行比较，即可掌握裂缝展开情况。

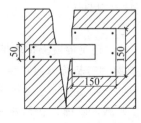

图 6-46　白铁片标志

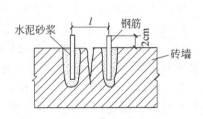

图 6-47　金属棒标志

五、位移观测

1. 观测方法

当建筑物在平面上产生位移时，为了进行位移测量，应在其纵、横方向上设置观测点及控制点。如已知其位移的方向，则只在此方向上进行观测即可。观测点与控制点应位于同一直线上，控制点至少须埋设三个，控制点之间的距离及观测点与相邻的控制点间的距离要大于30m，以保证测量的精度。如图6-48所示，A、B、C为控制点，M为观测点。控制点必须埋设牢固稳定的标桩，每次观测前对所使用的控制点应进行检查，以防止其变化。建筑物上的观测点标志要牢固、明显。

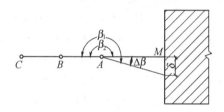

图6-48 位移观测

位移观测可采用正倒镜投点的方法求出位移值，亦可采用测角的方法。如图6-48所示，设第一次在A点所测的角度为β_1，第二次测得的角度为β_2，两次观测角度的差数$\Delta\beta = \beta_2 - \beta_1$，则建筑物的位移值

$$\delta = \frac{\Delta\beta \times AM}{\rho} \tag{6-12}$$

式中 ρ——206265″。

位移测量的允许偏差为±3mm，应进行重复观测评定。

2. 观测要点

（1）护坡桩的位移观测。无论是钢板护坡桩还是混凝土护坡桩，在基坑开挖后，由于受侧压力的影响，柱身均会向基坑方向产生位移，为监测其位移情况，一般要在护坡桩基坑一侧500mm左右设置平行控制线，用经纬仪视准线法定期进行观测，以确保护坡桩的安全。

（2）日照对高层建（构）筑物上部位移变形的观测。这项观测对施工中如何正确控制高层建（构）筑物的竖向偏差具有重要作用。观测随建（构）筑物施工高度的增加，一般每30m左右实测一次。实测时应选在日照有明显变化的晴天天气进行，从清晨起每一小时观测一次，至次日清晨，以测得其位移变化的数值与方向，并记录向阳面与背阳面的温度。竖向位置以使用天顶法为宜。

（3）建筑物本身的位移观测。由于地质或其他原因，当建筑物在平面位置上发生位移时，应根据位移的可能情况，在其纵向和横向上分别设置观测点与控制线，用经纬仪视准线法或小角度法进行观测。和沉降观测一样，水平位移观测也分为四个等级，各等级的适用范围同表6-8，各等级的变形点的点位中误差分别为：一等为±1.5mm，二等为±3.0mm，三等为±6.0mm，四等为±12.0mm。

表6-8 沉降观测点的等级、精度要求和观测方法

等级	标高中误差/mm	相邻点高差中误差/mm	适用范围	观测方法	往返较差、附合或环线闭合差/mm
一等	±0.3	±0.1	变形特别敏感的高层建筑、高耸构筑物、重要古建筑等	除参照国家一等水准测量外，还需双转点，视线不大于15m，前后视距差≤0.3m，视距累积差不大于1.5m	$0.15\sqrt{n}$
二等	±0.5	±0.3	变形比较敏感的高层建筑、高耸构筑物、古建筑和重要建筑物场地的滑坡监测等	一等水准测量	$0.30\sqrt{n}$
三等	±1.0	±0.5	一般性的高层建筑、高耸构筑物、滑坡监测等	二等水准测量	$0.60\sqrt{n}$
四等	±2.0	±1.0	观测准确度要求较低的建筑物、构筑物和滑坡监测等	三等水准测量	$1.40\sqrt{n}$

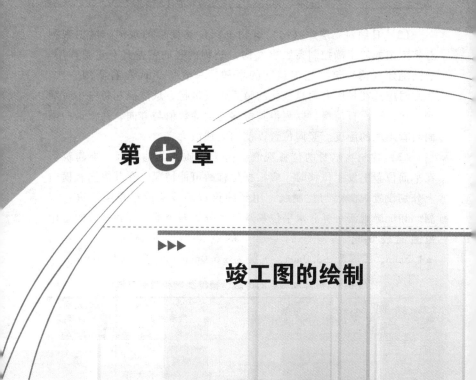

第七章

▶▶▶

竣工图的绘制

第一节　测量绘图的基本知识

一、比例尺及精度

1. 基本概念

人们用肉眼能分辨的图上最小长度为 0.1mm，因此在图上量度或实地测图描绘时，一般只能达到图上 0.1mm 的精确性。我们把图上 0.1mm 所代表的实际水平长度称为比例尺精度。

比例尺精度的概念，对测绘地形图和使用地形图都有重要的意义。在测绘地形图时，要根据测图比例尺确定合理的测图精度。例如，在测绘 1:500 比例尺地形图时，实地量距只需取到 5cm，因为即使量得再细，在图上也无法表示出来。在进行规划设计时，要根据用图的精度确定合适的测图比例尺。例如，基本工程建设，要求在图上能反映地面上 10cm 的水平距离精度，则采用的比例尺不应小于1:1000。

表 7-1 为不同比例尺的比例尺精度，可见比例尺越大，其比例尺精度就越高，表示的地物和地貌越详细，但是一幅图所能包含的实地面积也越小，而且测绘工作量及测图成本会成倍地增加。因此，采用何种比例尺测图，应从规划、施工实际需要的精度出发，不应盲目追求更大比例尺的地形图。

表 7-1　不同比例尺的比例尺精度

比例尺	1:500	1:1000	1:2000	1:5000
比例尺精度/m	0.05	0.10	0.20	0.50

2. 基本作用

根据比例尺精度，有两件事可参考决定。

(1) 按工作需要，多大的地物须在图上表示出来或测量地物要求精确到什么程度，由此可参考决定测图的比例尺。

(2) 当测图比例尺已决定之后，可以推算出测量地物时应精确到什么程度。

二、地物符号

地形图上表示各种地物的形状、大小和它们位置的符号，叫地物符号，如测量控制点、居民地、独立地物、管线及道路、水系和植被等。根据地物的形状、大小和描绘方法的不同，地物符号可以分为下列几种。

1. 依比例尺绘制的符号

地物的平面轮廓，依地形图比例尺缩绘到图上的符号，称为依比例尺绘制的符号，如房屋、湖泊、农田、森林等。依比例尺绘制的符号不仅能反映出地物的平面位置，而且能反映出地物的形状与大小。

2. 不依比例尺绘制的符号

有些重要地物的轮廓较小，按测图比例尺缩小在图上无法表示出来，而用规定的符号表示它，这种符号为不依比例尺绘制的符号，如三角点、水准点、独立树、电杆、水塔等。不依比例尺绘制的符号只表示物体的中心或中线的平面位置，不表示物体的形状与大小。

3. 半依比例尺绘制的符号

对于一些狭长地物，如管线、围墙、通信线路等，其长度依测图比例尺表示，其宽度不依测图比例尺表示的符号，即为半依比例尺绘制的符号。

这几种符号的使用界限不是固定不变的。同一地物，在大比例图上采用依比例尺绘制的符号，而在中、小比例尺图上可能采用不依比例尺绘制的符号或半依比例尺绘制的符号。

4. 地物注记

地形图上用文字、数字或特定符号对地物的性质、名称、高程等加以说明，称为地物注记，如图上注明的地名，控制点名称，高程，房屋的层数，单位名称，河流的深度、流向等。

三、地貌符号

在地形图上表示地貌的方法很多，而在测量工作中常用等高线表示。用等高线表示地貌不仅能表示出地面的起伏形态，而且可以根据它求得地面的坡度和高程等，所以它是目前大比例尺地形图上表示地貌的一种基本方法。下面介绍用等高线表示地貌的方法和等高线的特征。

1. 等高线

等高线是地面上高程相等的各相邻点所连成的闭合曲线。如图7-1所示，设有一高地被等间距的水平面 P_1、P_2、P_3 所截，则各水平面与高地的相应的截线即为等高线。将各水平面上的等高线沿铅垂方向投影到一个水平面 M 上，并按规定的比例尺缩绘到图纸上，就得到用等高线表示的该高地的地貌图。很明显，这些等高线的形状是由高地表面形状来决定的。

2. 等高距和等高线平距

地形图上相邻等高线的高差，称为等高距，亦称等高线间隔，用 h 表示。在同一幅地形图内，等高距是相同的。等高距的大小是根据地形图的比例尺、地面起伏情况及用图的目的而选定的。

相邻等高线间的水平距离，称为等高线平距，常以 d 表示。因为同一张地形图中等高距是相同的，所以等高线平距 d 的大小是由地面坡度陡缓决定的。如图 7-2 所示，地面上 CD 段的坡度大于 BC 段，其等高线平距 cd 小于 bc；相反，地面上 CD 段的坡度小于 AB 段，其等高线平距 cd 大于 AB 段的相邻等高线平距。由此可见，地面坡度越陡，等高线平距越小；相反，坡度越缓，等高线平距越大；若地面坡度均匀，则等高线平距相等。

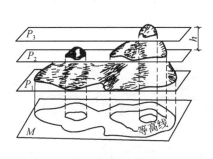

图 7-1　等高线

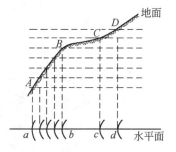

图 7-2　等高线平距

3. 等高线分类

为了更好地表示地貌的特征，便于识图和用图，地形图主要采用下列四种等高线。

（1）首曲线。在地形图上，按规定的基本等高距测定的等高线，称为首曲线，亦称基本等高线。

（2）计曲线。为了方便计算高程，每隔四条首曲线（每 5 倍基本等高距）就加粗描绘一条等高线，称为计曲线，亦称加粗等高线。

（3）间曲线。当首曲线不足以显示局部地貌特征时，按二分之一基本等高距测绘的等高线，称为间曲线，亦称半距等高线，常以长虚线表示，描绘时可不闭合。

（4）助曲线。当首曲线和间曲线仍不足以显示局部地貌特征时，按四分之一基本等高距测绘的等高线，称为助曲线，亦称辅助等高线。一般用短虚线表示，描绘时也可不闭合。

4. 几种典型地貌的等高线

自然地貌的形态虽是多种多样的，但可归结为几种典型地貌的综合。了解和熟悉这些典型地貌等高线的特征，有助于识读、应用和测绘地形图。

（1）山头与洼地的等高线。山头和洼地的等高线都是由一组闭合的曲线组成的，形状比较相似。在地形图上区分它们的方法是看等高线上所注的高程。内圈等高线较外圈等高线高程高时，表示山头，如图7-3a所示。相反，内圈等高线较外圈等高线高程低时，表示洼地，如图7-3b所示。如果等高线上没有高程注记，为了便于区别这两种地形，就在某些等高线的斜坡下降方向绘一短线来表示坡度方向，这些短线称为示坡线。

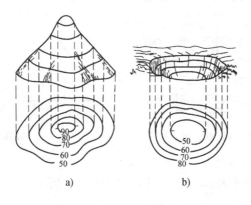

a）　　　　　　　　b）

图7-3　山头与洼地的等高线

a）山头等高线　b）洼地等高线

（2）山脊与山谷的等高线。山顶向山脚延伸的凸起部分，称为山脊。山脊的等高线是一组凸向低处的曲线。两山脊之间向一个方向延伸的低凹部分，称为山谷。山谷的等高线是一组凸向高处的曲线，如图 7-4 所示。

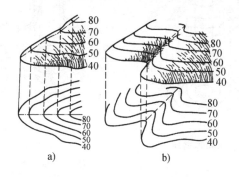

图 7-4　山脊与山谷的等高线

a）山脊的等高线　b）山谷的等高线

山脊和山谷等高线的疏密，反映了山脊、山谷纵断面的起伏情况，而它们的尖圆或宽窄则反映了山脊、山谷的横断面形状。山地地貌显示是否真实、形象、逼真，主要看山脊线与山谷线表达得是否正确。山脊线与山谷线是表示地貌特征的线，所以又称为地性线。地性线构成山地地貌的骨架，它在测图、识图和用图中具有重要的意义。

（3）鞍部的等高线。鞍部就是相邻两山头之间呈马鞍形的低凹部位，如图 7-5 所示。鞍部（S 点处）是两个山脊与两个山谷会合的地方，鞍部等高线的特点是在一圈大的闭合曲线内，套有两组小的闭合曲线。

（4）陡崖和悬崖。陡崖是坡度在 70°～90° 的陡峭崖壁，有石质和土质之分。若用等高线表示将非常密集或重合为一条线，因此采用陡崖符号来表示，如图 7-6a 所示。

悬崖是上部突出、下部凹进的陡崖。上部的等高线投影在水平面时，与下部的等高线相交，下部凹进的等高线用虚线表示，如图 7-6b 所示。

5. 等高线的特性

（1）同一条等高线上各点的高程相等。

（2）等高线为闭合曲线，不能中断，如果不在本幅图内闭合，

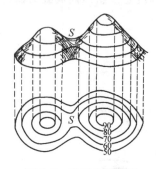

图 7-5　鞍部的等高线

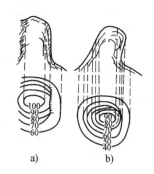

图 7-6　陡崖和悬崖

a）陡崖　b）悬崖

则必在相邻的其他图幅内闭合。

（3）等高线只有在悬崖、绝壁处才能重合或相交。

（4）等高线与山脊线、山谷线正交。

（5）同一幅地形图上的等高距相同，因此等高线平距大，表示地面坡度小；等高线平距小，表示地面坡度大；平距相同，则坡度相同。

第二节　小平板仪构造及应用

一、小平板仪的构造

平板仪分大平板仪和小平板仪两种。

小平板仪构造比较简单，如图 7-7 所示，它主要由测图板、照准仪和三脚架组成，附件有对点器和罗盘仪（指北针）。

测图板和三脚架的连接方式大都为球窝接头。在金属三脚架头上有个碗状球窝，球窝内嵌入一个具有同样半径的金属半球，半球中心有联接螺栓，图板通过联接螺栓固定在三脚架上。基座上有调平和制动两个螺旋，放松调平螺旋，图板可在三脚架上的

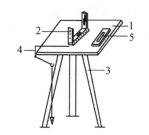

图 7-7　小平板仪

1—测图板　2—照准仪　3—三脚架

4—对点器　5—罗盘仪（指北针盒）

任意方向倾、仰，从而可将图板置平。拧紧调平螺旋，图板不能倾、仰，可绕竖轴水平旋转。当拧紧制动螺旋时，图板固定。

　　照准仪是用来照准目标，并在图纸上标出方向线和点位的主要工具，构造如图 7-8 所示。它是一个带有比例尺刻划的直尺，尺的一端装有带观测孔的觇板，另一端觇板上开一长方形洞口，洞中央装一细竖线，由观测孔和细竖线构成一个照准面，供照准目标用。在直尺中部装一个水准管，供调平图板用。

　　对点器由金属架和线坠组成，借助对点器可将图上的站点与地面上的站点置于同一铅垂线上。长盒指北针是用来确定图板方向的。

二、平板仪测图原理

　　如图 7-9 所示，地面上有 A、O、B 三点，在 O 点上水平安置图板，钉上图纸。利用对点器将地面上 O 点沿铅垂方向投影到图纸上，定出 o 点，将照准仪尺边贴于 o 点，以 o 点为轴（可去掉对点器，在 o 点插一大头针）平转照准仪，通过观测孔和竖线观测目标 A；当照准仪竖线与目标 A 重合时，在图纸上沿尺边过 o 点画出 OA 方向线，再量出 O、A 两点在地面上的水平距离，按比例尺在方向线上标出 oa 线段，oa 直线就是地面上 OA 直线在图纸上的缩绘。

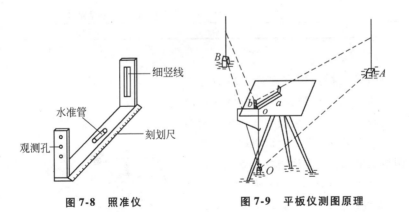

图 7-8　照准仪　　　　图 7-9　平板仪测图原理

　　再转动照准仪观测 B 点，当目标 B 与照准仪竖线重合时，沿尺边画出 OB 方向线，量出 O、B 两点距离，按比例在方向线上标出 ab 线段。则图上 a、o、b 三点组成的图形和地面上 A、O、B 三点组成的图形相似，这就是平板仪测图的原理。

按同样方法，可在图上测出所有点的位置，如果把所有相关点连成图形，就绘出了所要测的平面图。再测出各点高程标在图上，就形成了既有点的平面，又有点的高程的地形图。

三、平板仪的安置

1. 图板调平

方法是：将照准仪放在图板上，放松调平螺旋，倾、仰图板，让照准仪上的水准管居中；将照准仪调转90°，再调整图板，让水准管居中，直到照准仪放置在任何方向时气泡皆居中为止。

2. 对点

如图7-10所示，对点就是让图纸上的站点 a 和地面上的站点 A 位于同一铅垂线上，对点时将对点器臂尖对准 a 点，然后移动三脚架让线坠尖对准地面上的 A 点。对点误差限值与测图比例尺有关，一般不超过比例尺分母的0.5%，见表7-2。

表7-2　不同测图比例尺的对点允许误差

测图比例尺	对点允许误差/mm	对点方法
1:500	25	对点器对点
1:1000	50	对点器对点
1:2000	100	目估对点
1:5000	250	目估对点

3. 图板定向

（1）根据控制点定向。当测区有控制点时，要把控制点（图根点）展绘在测图图纸上。展绘方法是先在测图上画出坐标方格网，然后根据控制点或图根点坐标，逐点展绘在图纸上。定向时，如图7-10所示，把照准仪尺边贴于 ab 直线上，将图板安在 A 点上，大致对点。通过照准仪照准 B 点，使 ab 线和 A、B 测点在一个竖直面内。然后平移图板，精确对点，这时测出的图形

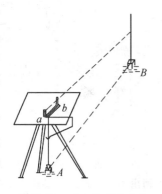

图7-10　对点和直线定向

和已知坐标系统相一致。

（2）根据测区图形定向（适于测图第一站）。先根据测区的长、宽，把测区图形大致地规划在图纸上；然后转动图板，使图纸上的规划图形与地面图形的方向一致，以便使整个测区能匀称地布置在图幅上。

（3）根据测站点定向。图 7-10 中的 A、B 是地面测站点，欲在图上测出 ab 直线方向和 b 点位置。方法是：在 A 点安置图板，调平、对点，把照准仪尺边贴于 a 点，以 a 点为轴转动照准仪照准 B 点；然后沿尺边画出 ab 方向线，标出 b 点。因为图上 a、b 点和地面上 A、B 点的对应关系已确定，所以图面方向已确定。此法主要用于转站测量或增设图根点。

（4）利用指北针定向。利用指北针定向有两种情况

1）当对测图有方向要求时，应将指北针盒长边紧贴于图边框左边或右边，平转图板，使磁针北端指向零点，然后固定图板。布图时要考虑上北下南的阅图方法，这时图面坐标系统为磁子午线方向。

2）当图面为任意方向，需要在图上标出方向时，可将指北针盒放在图的右上角，然后平转指北针盒。当磁针北端指向零点时，沿指北针盒边画一直线，在磁针北端标出指北方向，这时指北方向为磁北方向。

四、小平板仪测图方法

用小平板仪测图时利用照准仪测定方向，用尺测量距离，适于地形平坦、范围较小、便于量尺和精度要求较高的测区。测图方法如图 7-11 所示，将仪器安置在测站上，定向、对点、调平。

用照准仪照准 1 点，在图上标出 1 点方向线，实量 1 点至测站的距离，按测图比例在方向线上标出 1 点位置。

用相同方法依一定顺序（一般按逆时针方向）依次测出图上 1、2、…、9 点。测点要选择地物有代表性的特征点，如房屋拐角、道路中线、交叉路口、电杆以及地形变化的地方。凡在图上能表示图形变化的部位都应设测点。

如果操作熟练可不画方向线，直接在图上标出点位，以保持图面规则、干净。量距读数误差不应超过测图比例尺分母的 0.5%，即图

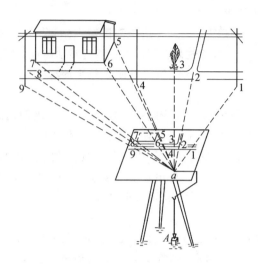

图 7-11 测图的基本方法

上 0.05mm 的长度。

　　然后将相关点连成线，如图 7-11 所示，5、6、7 点连线为房屋外轮廓线，1、4、9 点连线为输电线路，2、8 点连线为道路中线，3 点为树的单一地物。

　　对于测站不能直接测定的地物点，如房屋背面，可实地测量；然后根据该点与其他相邻点的对应位置，按比例画在图上，便可画出完整的图形，如图 7-11 中虚线部分。

　　由于受测量误差和描图误差的影响，测绘到图纸上的图形与实际可能不符，如把矩形变成菱形，地面上是直线而测出来的却是折线等。因此，在测绘过程中要注意测量精度，对密切相关的相邻点还要实际量距，用实量距离改正图上的点位，以便使测图与实际相符。

第三节　测绘基本方法

一、碎部点平面位置的测绘

1. 极坐标法

　　如图 7-12 所示，测定测站点至碎部点方向和测站点至后视点（另一个控制点）方向间的水平角 β，测定测站点至碎部点的距离 D，便能确定碎部点的平面位置。这就是极坐标法。极坐标法是碎部测量最基本的方法。

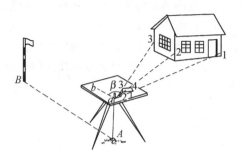

图 7-12　极坐标法测量碎部点的平面位置

2. 方向交会法

如图 7-13 所示，测定测站 A 至碎部点方向和测站 A 至后视点 B 方向间的水平角 β_1，测定测站 B 至碎部点方向和测站 B 至后视点 A 方向间的水平角 β_2，便能确定碎部点的平面位置。这就是方向交会法。当碎部点距测站较远，或遇河流、水田及其他情况等人员不便达到时，可用此法。

3. 距离交会法

如图 7-14 所示，测定已知点 1 至碎部点 M 的距离 D_1，已知点 2 至碎部点 M 的距离 D_2，便能确定碎部点 M 的平面位置。这就是距离交会法。此处的已知点不一定是测站点，可能是已测定出平面位置的碎部点。

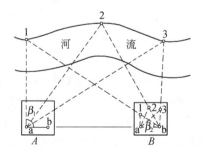

图 7-13　方向交会法测量碎部点的平面位置

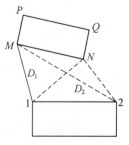

图 7-14　距离交会法测量碎部点的平面位置

二、经纬仪测绘法

1. 碎部点的采集

碎部测量就是测定碎部点的平面位置和高程。地形图的质量在很大程度上取决于司尺员能否正确合理地选择地形点。地形点应选在地物或地貌的特征点上，地物特征点就是地物轮廓的转折、交叉等变化处的点及独立地物的中心点。地貌特征点就是控制地貌的山脊线、山谷线和倾斜变化线等地性线上的最高、最低点，坡度和方向变化处、山头和鞍部等处的点。

地形点的密度主要取决于地形的复杂程度，也取决于测图比例尺和测图的目的。测绘不同比例尺的地形图，对碎部点间距以及碎部点距测站的最远距离有不同的限制。表7-3和表7-4给出了一般地区及城镇建筑区的地形点最大间距和最大视距。

表7-3 地形点最大间距和最大视距（一般地区）

测图比例尺	地形点最大间距/m	最大视距/m	
		主要地物特征点	次要地物特征点
1:500	15	60	100
1:1000	30	100	150
1:2000	50	130	250
1:5000	100	300	350

表7-4 地形点最大间距和最大视距（城镇建筑区）

测图比例尺	地形点最大间距/m	最大视距/m	
		主要地物特征点	次要地物特征点
1:500	15	50	70
1:1000	30	80	120
1:2000	50	120	200

2. 测站的测绘

经纬仪测绘法的实质是极坐标法。先将经纬仪安置在测站上，将绘图板安置于测站旁边。用经纬仪测定碎部点方向与已知方向之间的水平角，并以视距测量方法测定测站点至碎部点的距离和碎部点的高程；然后根据数据用半圆仪和比例尺把碎部点的平面位置展绘于图纸上，并在点的右侧注记高程，对照实地勾绘地形。用全站仪代替经纬仪测绘地形图的方法，称为全站仪测绘。其测绘步骤和过程与经纬仪测绘法类似。

　　使用经纬仪测绘法测图具有操作简单、灵活的优点，适用于各种类型的测区。以下介绍经纬仪测绘法一个测站的测绘工作程序。

　　（1）安置仪器和图板。将经纬仪安置于测站点（控制点）上，进行对中和整平。量取仪器高 i，测量竖盘指标差 x。记录员在碎部测量手簿中记录（包括表头的其他内容）。绘图员在测站旁边安置好图板并准备好图纸，在图上相应点的位置设置好半圆仪。

　　（2）定向。经纬仪置于盘左的位置，照准另外一已知控制点作为后视方向，置水平度盘读数为 $0°00'00''$。绘图员在后视方向的同名方向上画一短直线，短直线过半圆仪的半径，作为半圆仪读数的基准线。

　　（3）立尺。司尺员依次将视距尺立在地物、地貌特征点上。立尺时，司尺员应弄清实测范围和实地概略情况，选定立尺点，并与观测员、绘图员共同商定跑尺路线。

　　（4）观测。观测员照准视距尺，读取水平角、视距、中丝读数和竖盘垂直角读数。

　　（5）计算、记录。记录员使用计算器根据视距测量计算式编辑程序，依据视距、中丝读数、竖盘读数、竖盘指标差 x、仪器高 i、测站高程计算出平距和高程，报给绘图员。对于有特殊作用的碎部点，如房角、山头、鞍部等，应记录并加以说明。

　　（6）展绘碎部点。绘图员根据观测员读出的水平角转动半圆仪，将半圆仪上等于所读水平角值的刻划线对准基准线，此时半圆仪的零刻划方向即为该碎部点的图上方向。根据计算出来的平距和高程，依照绘图比例尺在图上定出碎部点的位置，用铅笔在图上点示，并在点的右侧注记高程。同时，应将有关地形点连接起来，并注意检查测点是否有错。

　　（7）测站检查。为了保证测图正确、顺利地进行，必须在新测站工作开始时进行测站检查。检查方法是在新测站上测量已测过的地形点，检查重复点精度在限差内即可。否则，应检查测站点是否展错。此外，在工作中间和结束前，观测员可利用时间间隙照准后视点进行归零检查，归零差应不大于 $4'$。在测站工作结束时，应检查确认本站的地物、地貌没有错测和漏测的部分，把一站工作清理完成后方可搬至下站。

测图时还应注意，一个测区往往是分成若干幅图在进行测量，为了和相邻图幅拼接，本幅图应向图廓以外多测 5mm。

三、地形图的绘制

外业工作中，当碎部点展绘在图纸上后，就可以对照实地随时描绘地物和等高线。

1. 地物描绘

地物应按地形图图式规定的符号表示。房屋轮廓应用直线连接，而道路、河流的弯曲部分应逐点连成光滑曲线。不能依比例描绘的地物，应按规定的非比例符号表示。

2. 等高线的勾绘

勾绘等高线时，首先用铅笔轻轻描绘出山脊线、山谷线等地性线，再根据碎部点的高程勾绘等高线。不能用等高线表示的地貌，如悬崖、陡崖、土堆、冲沟等，应按图式规定的符号表示。

由于碎部点是选在地面坡度变化处，因此相邻点之间可视为均匀坡度，这样可在两相邻碎部点的连线上，按平距与高差成比例的关系，内插出两点间各条等高线通过的位置。如图 7-15a 所示，地面上两碎部点 C 和 A 的高程分别为 202.8m 及 207.4m，若取基本等高距为 1m，则其间有高程为 203m、204m、205m、206m 及 207m 的五条等高

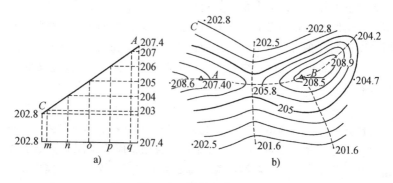

图 7-15　等高线的勾绘

线通过。根据平距与高差成正比的原理，先目估定出高程为 203m 的 m 点和高程为 207m 的 q 点；然后将 mq 的距离四等分，定出高程为 204m、205m、206m 的 n、o、p 点。同法定出其他相邻两碎部点间等高线应通过的位置。将高程相等的相邻点连成光滑的曲线，即为等高线，结果如图 7-15b 所示。

勾绘等高线时，应对照实地情况，先画计曲线，后画首曲线，并注意等高线通过山脊线、山谷线的走向。

第四节 竣工测量与竣工图绘制

一、竣工测量的基本要求

1. 竣工测量的目的

（1）验收与评价工程是否按图施工的依据。

（2）工程交付使用后，进行管理、维修的依据。

（3）工程改建、扩建的依据。

2. 竣工测量资料内容

（1）测量控制点的点位和数据资料（如场地红线桩、平面控制网点、主轴线点及场地永久性高程控制点等）。

（2）地上、地下建筑物的位置（坐标）、几何尺寸、高程、层数、建筑面积，以及开工、竣工日期。

（3）室外地上、地下各种管线（如给水排水、热力、电力等）与构筑物（如化粪池、污水处理池、各种检查井等）的位置、高程、管径、管材等。

（4）室外环境工程（如绿化带、主要树木、草地、园林、设备）的位置、几何尺寸及高程等。

3. 竣工测量的工作要点

做好竣工测量的关键是：从工程定位开始就要有顺序地、一项不漏地积累各项技术资料。尤其是对隐蔽工程，一定要在还土前或下一步工序前及时测出竣工位置，否则就会造成漏项。在收集竣工资料的同时，要做好设计图纸的保管，各种设计变更通知、洽商记录均要保存完整。

竣工资料（包括测量原始记录）及竣工总平面图等编绘完毕，

应由编绘人员与工程负责人签名后，交使用单位与国家有关档案部门保管。

二、建筑竣工图绘制

1. 编绘竣工总平面图的意义

竣工总平面图是设计总平面图在施工结束后实际情况的全面反映。工程建筑物都是按照总平面图上的设计位置进行施工建设的，但是在施工过程中，由于设计时没有考虑到的原因而变更设计位置的情况是经常发生的，另外也可能会由于测量误差（主要指系统误差）的影响，使建筑物的竣工位置与设计位置不完全一致。同时，为了给核定工程质量提供依据，并给建筑物投产后营运中的管理、维修、改建、扩建等提供可靠的图纸资料，一般应编绘竣工总平面图。其目的有以下几点。

（1）它是对建筑物竣工成果和质量的验收测量。

（2）它将便于以后进行各种设施的维修工作，特别是地下管道等隐蔽工程的检查和维修工作。

（3）为企业的改建、扩建提供了原有各建筑物、地上和地下各种管线及测量控制点的坐标、高程等资料。

因此，在工程竣工后应该及时编绘反映建筑物竣工面貌的竣工总平面图。编绘竣工总平面图，需要在施工过程中收集一切有关的资料和进行必要的实地测量，并对资料加以整理，然后及时进行编绘。为此，从建筑物开始施工起，就应有所考虑和安排。

2. 绘制竣工总平面图的依据

（1）设计总平面图，单位工程平面图和设计变更资料（图）。

（2）建筑物定位测量资料、施工检查测量及竣工测量资料。

（3）有关部门和建设单位的具体要求。

3. 竣工总平面图的内容

（1）竣工总平面图的内容。竣工总平面图的内容包括承建工程的地上建筑物和地下构筑物竣工后的平面位置及高程。凡按设计坐标定位施工的工程，应先在竣工总平面图的底图上绘制方格网，把地上的控制点也展绘在图上，并说明所采用的坐标系统及高程系统。若建筑物定位点的实测坐标与设计坐标之差超过规范规定的允许值，应把实测坐标也标注在图上。对于无坐标值的附属部分，应把它与主要建筑物的相对尺寸标注在图上。

凡按与现有建筑物的关系定位施工的工程，应把实测的定位关系数据标注在图上。

对于在施工现场由设计部门或建设单位指定施工位置的工程，竣工后应进行现状图测绘，并把主要的实测数据标注在图上。

（2）竣工总平面图的分类。对于建筑范围较大、建筑物较复杂的工程，如将测区所有地上建筑物和地下构筑物都绘在一张总平面图上，这样将会造成图面内容太多、线条密集、不易辨认。此时，为了使图面清晰醒目、便于使用，可根据工程建筑物的密集与复杂程度，按工程性质分类编绘竣工总平面图。比如，把地上、地下分类编绘，把房屋与道路分类编绘，把给水排水管道与其他管道分类编绘等，最后可以形成分类总平面图，如综合竣工总平面图、工业管线竣工总平面图、分类管道竣工平面图及厂区铁路和道路竣工总平面图等。

（3）竣工总平面图的附件。为了全面反映竣工成果，与竣工总平面图有关的一系列资料应作为附件提交。这些资料主要有：

1）建筑场地原始地形图。

2）设计变更文件及设计变更图。

3）建筑物定位、放线、检查及竣工测量资料。

4）建筑物沉降观测与变形观测资料。

5）各种管线竣工纵断面图等。

4. 竣工总平面图编绘方法

竣工总平面图最好是随着工程的陆续竣工相继进行编绘。一面竣工，一面利用竣工测量成果进行编绘。如发现问题，特别是地下管线的问题，应及时到现场查对，使竣工总平面图能真实地反映实地情况。

竣工总平面图的编绘，一般包括竣工测量和室内展点编绘两方面的内容。

（1）竣工测量。建筑物和构造物竣工验收时进行的测量工作，称为竣工测量。竣工测量可以利用施工期间使用的平面控制点和水准点进行施测。如原有控制点不够使用时，应补测控制点。对于主要建筑物的墙角、地下管线的转折点、窨井中心、道路交叉点、架空管网的转折点及烟囱中心等重要地物点的竣工位置，应根据控制点采用极坐标法或直角坐标法实测其坐标；对于主要建筑物和构筑物的室内地坪、给水管管顶、排水管管底、道路变坡点等，可用水准测量的方法测定其高程；一般地物、地貌则按地形图要求进行测绘。

（2）室内展点编绘。室内展点编绘的方法如下：

1）首先在图纸上绘制坐标方格网，图纸上方格网的方格一般为 $10 \times 10cm$。一般使用圆规和比例尺来绘制，其精度要求与地形测图的坐标格网相同，图廓对角线的允许误差为 $\pm 1mm$。

2）展绘控制点。坐标方格网画好后，标定出纵、横各方格网点的坐标值，将施工控制点按坐标值展绘在图上。图上展点对邻近的方格点而言，其允许误差为 $\pm 0.3mm$。

3）展绘设计总平面图。根据坐标方格网，将设计总平面图的图面内容按其设计坐标用铅笔展绘于图纸上，作为底图（实际上就是一幅重新绘制的设计总平面图）。

4）展绘竣工总平面图

① 根据设计资料展绘。凡按设计坐标定位施工的工程，应以测量定位资料为依据，按设计坐标（或相对尺寸）和标高展绘。建筑物和构筑物的拐角、起止点、转折点应根据坐标数据展点成图；对建筑物和构筑物的附属部分，如无设计坐标，可用相对尺寸绘制。若原设计变更，则应根据设计变更资料编绘。

②根据竣工测量资料或施工检查测量资料展绘。在工业与民用建筑施工中，在每一个单位工程完成后，应该进行竣工测量，并提出该工程的竣工测量成果。对有竣工测量资料的工程，若竣工测量成果与设计值之间相差不超过规定的定位允许偏差时，按设计值编绘，否则，应按竣工测量资料编绘。

根据上述资料编绘成图时，对于厂房应使用黑色墨线绘出该工程的竣工位置，并应在图上注明工程名称、坐标、高程及有关说明。对于各种地上、地下管线，应用各种不同颜色的墨线绘出其中心位置，注明转折点及井位的坐标、高程及有关说明。在没有设计变更的情况下，墨线的竣工位置应与设计原图的位置重合，但其坐标及高程数据与设计值比较可能稍有出入。随着施工的继续，逐渐在底图上将铅笔线都绘成墨线。

③现场实测。对于直接在现场指定位置进行施工的工程，以固定物定位施工的工程，多次变更设计而无法查对的工程，竣工现场的竖向布置、围墙和绿化情况，施工后尚保留的大型临时设施以及竣工后的地貌情况，都应根据施工控制网进行实测，加以补充。外业实测时，必须在现场绘出草图，最后根据实测成果和草图，在室内进行补充展绘，便成为完整的竣工总平面图。

参 考 文 献

［1］《建筑施工手册》（第五版）编委会. 建筑施工手册1［M］. 北京：中国建筑工业出版社，2012.

［2］《建筑施工手册》（第五版）编委会. 建筑施工手册2［M］. 北京：中国建筑工业出版社，2012.

［3］《建筑施工手册》（第五版）编委会. 建筑施工手册3［M］. 北京：中国建筑工业出版社，2012.

［4］《建筑施工手册》（第五版）编委会. 建筑施工手册4［M］. 北京：中国建筑工业出版社，2012.

［5］中国有色金属工业协会. GB 50026—2007 工程测量规范［S］北京：中国计划出版社，2008.

［6］建设部人事教育司. 测量放线工［M］. 北京：中国建筑工业出版社，2005.

［7］卢德志. 测量员岗位实务知识［M］. 2版. 北京：中国建筑工业出版社，2013.

［8］中华人民共和国住房和城乡建设部. JGJ/T 250—2011 建筑与市政工程施工现场专业人员职业标准［S］. 北京：中国建筑工业出版社，2012.